度小月系列

度小月系列

度小月系列

關於度小月..................

在台灣古早時期，中南部下港地區的漁民，每逢黑潮退去，漁獲量不佳收入艱困時，爲維持生計，便暫時在自家的屋簷下，賣起擔仔麵及其他簡單的小吃，設法自立救濟度過淡季。

此後，這種謀生的方式，便廣爲流傳稱之爲『度小月』。

小吃拼圖

路邊攤賺大錢2

money

【奇蹟篇】

白宜弘、趙濰◎合著

目錄 Contents
【奇蹟篇】

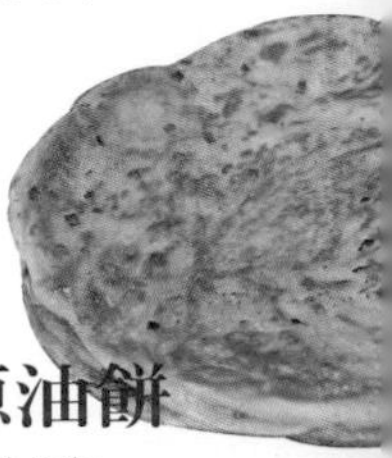

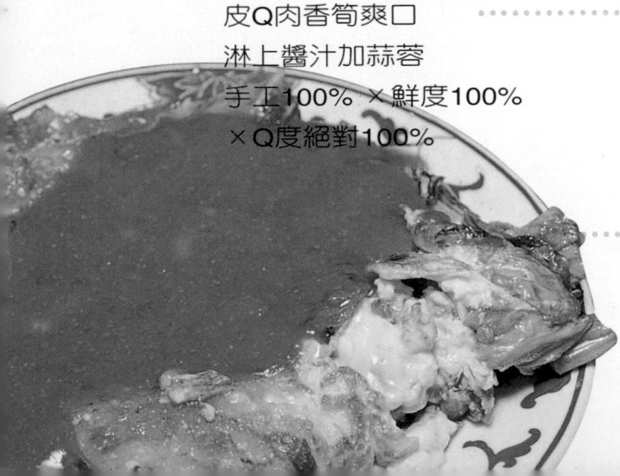

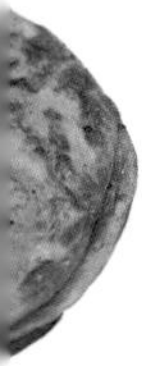

推薦序

老鳥－葉民志　　美食節目主持人

知名廣告代言人

演員

歌手

菜鳥：「肉圓哥，聽說你除了主持節目、代言廣告、演戲、唱歌之外，現在又要為一本書寫推薦序喔？」

老鳥：「蟋蟀，你很羨慕嗎？推薦序不是什麼人都能寫的耶！具代表性、知名權威人士，才夠格幫人家寫推薦序。知道吧？！」

菜鳥：「對啦！對啦！你的身材的確是比我適合寫小吃的推薦序，我甘敗下風啦！」

老鳥：「這……」捶胸頓足狀……

沒想到吧！我葉民志演、歌、主、廣四棲藝人，現在又多了一項頭銜－好書推薦人。

我和菜鳥沈士朋為『美食任務』出了不少的外景，吃遍國內各大飯店、餐廳，最令人懷念的美食，仍然是最道地的路邊攤。有台灣人的地方就有好吃的路邊攤。從小到大，我的生活早和路邊攤結下了不解之緣，大家看我的身材就可以印證！

當大都會文化找我寫推薦序的時候，我一聽見是一本和路邊攤有關的書，二話不說一口答應。尤其是在看過書的內容之後，更是覺得在不景氣的時候，一本好書真的可以幫助許多人。希望我這短短的推薦序，能為路邊攤文化的推廣，盡一點棉薄之力。

大都會文化出版發行的『路邊攤賺大錢 2－奇蹟篇』中，介紹了最具特色的台灣小吃。書中除了有美食吃透透之外，更教你如何創業，成為小吃攤頭家；喜歡自己DIY的朋友，也可以照著書中食譜依樣畫葫蘆，和三五好友共享美食。

一本書好處多得說不完，
你看了就知道……

老鳥

蔡詩萍

推薦序

莊寶華　　中華小吃傳授中心班主任

在看過大都會文化出版發行的『路邊攤賺大錢 — 搶錢篇』後，心中份外欣喜，沒想到這群年輕人將這本書製作得如此精緻實用，讓我這個推薦人也與有榮焉。

於是當大都會文化又力邀我為『路邊攤賺大錢２—奇蹟篇』寫推薦序時，執筆的心情也跟著雀躍起來。我想，這是一種期待，也是一種最直接的肯定吧！

『路邊攤賺大錢２－奇蹟篇』內容豐富、實用性高，是想在不景氣中踏入小吃這個行業的朋友，最佳的入門書籍。如果你還在職場上舉棋不定，而不知未來的創業方向何在？莊老師在此建議你：不妨參考大都會文化所出版發行的『度小月系列』叢書，讓你隨書按部就班地製作出美味的台灣傳統小吃。或者到莊老師的小吃補習班來實務面授，都是不錯的創業實習選擇。

希望有志於傳統小吃創業的朋友，都能順利地踏出你們的第一步，莊老師在此祝福你們！

》》》》》莊寶華老師

從事小吃美食教學18餘年，學生遍及全台及海外，創下台灣小吃業年收入720億的經濟奇蹟～

		受訪於	
名主持人	羅璧玲	報紙	民生報
名主播	蔣雅淇（中天）		大成報
	支藝樺（民視）	雜誌	SMART理財雜誌
	洪玟琴（TVBS）		MONEY雜誌
	崔慈芬（華視）		獨家報導雜誌
	陳明麗（中視）均慕名採訪		行政新聞局台北評論月刊

邱寶珠　寶島美食傳授中心班主任

張次郎　寶島美食傳授中心金牌老師

一個月前為『路邊攤賺大錢—搶錢篇』寫推薦序純屬無心插柳，沒想到書一上市後，來電詢問的電話接到令我們手痠！由此可見，因為失業不景氣而想轉行做小吃的朋友，為數真的不少。現在『路邊攤賺大錢2—奇蹟篇』緊接著推出，讓還在為頭路沒著落而煩惱的朋友，又重現一道曙光。

我們從事美食教學已逾10年，接觸太多需要幫助的學生，因此深知他們在學習製作小吃上，常會遇到的一些困難及問題。大都會文化所出版的這本書，鉅細靡遺地為想要踏入此行的朋友，作了一套有系統的整理，讓小吃新手也能照書上的指引，一步一腳印的往小吃這條路邁進。

同時，喜歡自己動手DIY美食的朋友們，也能照著書上的食譜，試著做出好吃的古早味，一本書『摸蛤仔兼洗褲』一舉數得，真的值得推薦！

》》》》》 邱寶珠老師

》》》》》 張次郎老師

出身總舖師、糕餅世家，專研美食小吃數十餘年，學生遍及海內外、中國大陸。教授美食10餘年，有口皆碑、名聞遐邇，曾受訪於各大媒體～

電視：台視、八大電視、華衛電視

報紙：中國時報、聯合報、聯合晚報、自立晚報、台灣新生報、中央日報

雜誌：獨家報導、美華報導

編者序&自序

自個家裡賣水煎包、蔥油餅、肉羹…將近20年，從來沒有想過要將這些古早味的撇步公諸於世，而且是在自己規劃的書系中鉅細靡遺的呈現。家中的老媽、老爸一定覺得：女兒怎麼能將自己辛苦研發近20年的獨門秘方，輕而易舉地就讓別人學去了呢！這也是我們在採訪過程中，最常聽見老闆們拒絕和抱怨的頭號理由之一。

為了讓『度小月系列』叢書內容更加豐富及實用，採訪小組不辭辛勞，不畏路邊攤老闆們嚴詞悍然拒絕的窘況，愈挫愈勇。鎖定目標，一攤一攤的死皮賴臉耗下去，不達目的絕不退縮。為的就是將各攤賺錢的撇步與秘笈，用最詳實、數據化的方式，讓想自己創業當頭家的朋友一目瞭然。輕鬆地盡享「前人種樹，後人乘涼」，花小錢、賺大錢的便利。

本書中除了介紹各攤老店各憑本事賺錢的絕招及營業狀況之外，我們更用盡了各種方法，將老闆打死也不肯透露的獨家配料秘方，首度於書中曝光，造福想破解好吃秘笈的老饕們。此外，讀者更可照著本書按圖索驥，尋找你心目中的美味小攤，我們在每篇的開始都有一欄「××紅不讓」幾個皇冠的評鑑，讀者不妨參考皇冠數，作為你品嚐美食的指南。

當然，如果你覺得書中教授的小吃創業，仍有無法專業製作的遺珠之憾，我們也細心地為您考量到了。本書最後附贈有生財工具，原料供應商和各小吃補習班的詳細資料，若你想快速學成一技之長，亦可剪下小吃補習班的折價券，一對一的向老師學習美味的台灣小吃。這是我們真心送給你的最佳創業禮物，希望所有需要的朋友都能受用無窮。

大都會文化　主編　趙濰

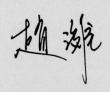

自序

從前我挑剔食物的口味，當我對於烹飪方面慢慢有了自己的心得，食走遍全世界，才發現原來即使面對著美食餐廳裡頂級的法國鵝肝醬，長灘島上道地的南洋美食，亦或者大堡礁特產的澳洲龍蝦，都還是難以忘記台灣夜市裡那份熟悉的味道。

是啊！台灣小吃，神仙美食。

我的確喜歡東山鴨頭多過法國鵝肝醬、喜歡豆花多過摩摩渣渣、喜歡石頭烤玉米多過芝士焗龍蝦。這些路邊小吃懷著一份從小陪著我長大的親切感，再奢華誘人的異國風味都無法取代。我是個道地的臺灣孩子，熱愛道地的臺灣美食。

台灣人的生命力也特強，如果你曾留意夜市裡那些成功攤販(或者生意人)背後的故事，你會發現「失敗真的為成功之母」。因股災而損失慘重的投資者、被銀行宣佈破產的生意人、中年轉業、或者從鄉下上來城市打拼的年輕人，不一樣的人，一樣的執著，一樣的奮鬥故事：結束不代表終結，有結束，才有新生。跌倒了，拍一拍灰塵，再爬起來：失敗了，笑一笑，再從來，吃苦耐勞不怕輸，正港台灣人的精神。只要肯做、肯吃苦、肯花心思、不怕輸，小生意真的可以令你再賺大錢。這是所有成功的攤販經營者最終的結論。

如果你的興趣和作者一樣，喜歡品嚐美食又喜歡賺錢，那你一定會喜歡這本書，走進夜市，不但分享小販們精心製作的美食，也分享成功經營攤販們背後的故事。本書將告訴你，那裡有最棒的小吃，那裡找最佳的賺錢機會。

這本書滿滿的用心，絕不會讓你失望的。

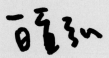

嘉味仙麻油雞

清晨1點鐘
誰與人『雞雞』計較
麻油生薑翻鍋炒！
連雞也醉了！
嘉味仙眞正『呷抹嫌』

美味紅不讓	特色紅不讓
人氣紅不讓	地點紅不讓
服務紅不讓	名氣紅不讓
便宜紅不讓	衛生紅不讓

店齡：4年好味
老闆：謝小姐
年齡：約30多歲
創業資本：約7萬元
每月營業額：約56萬元
每月淨賺額：約34萬元
產品利潤：約5成
（老闆保守說，據專家實際評估約6成）
地址：台北縣永和市樂華夜市內
（燈籠滷味旁）
營業時間：5:00PM～4:00AM
聯絡方式：0937422086

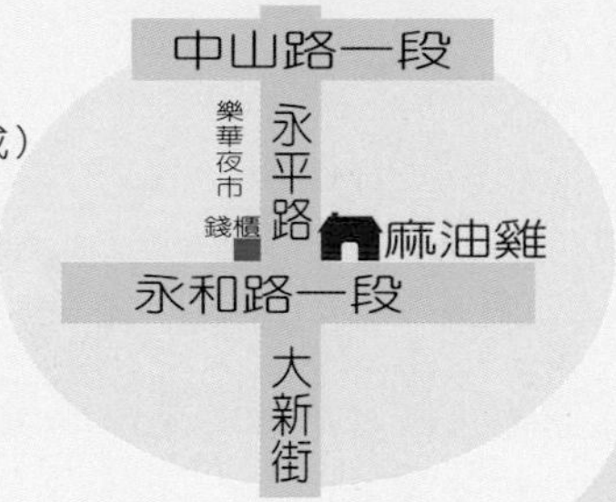

冬令進補，麻油雞來報到.........

麻油雞最為人稱道的食補貢獻，莫過於讓生產完的孕婦，大量回補精、氣、神；而在寒冷的冬天一碗油滋滋、酒辣辣的麻油雞下肚，不但通體活絡舒暢，香氣四溢的麻油，更讓人食指大動，想要再來一碗都不驚訝！而肉質鮮嫩的雞肉和香而不膩的麻油湯頭，我想是麻油雞在短短幾年之中就能在競爭激烈的夜市商圈，闖出一番局面的重要因素。

話說從前………燈籠滷味在隔壁，作伙鬥陣來賺錢

沒想到和赫赫有名的燈籠滷味比鄰而居，原來是因為彼此有著一層姻親關係，因此他們還可以就近一起使用店面，節省一些相關的開支，而就因為這樣的契機，促使老闆娘謝小姐產生了自行經營小吃業的念頭。不過原來就對於小吃業十分有興趣的她，本來還猶豫不決，該以什麼小吃來創業最好？正巧之前在原來的地方也是賣著相同口味的麻油雞，於是想想就同樣以麻油雞的口味來試試手藝吧。雖然如此，不過夫妻兩人並沒有特別的向一些老店家的師傅們拜師學藝，謝小姐的先生從一個稅務代理人放下上班族的身段，從如何挑選優良雞隻和麻油、如何炒出恰到好處的口味，箇中的拿捏技巧，花了大約半年的時間來親身試驗與學習，每天早上大約1點多就到了環南市場採買當天所需要的新鮮雞隻，數年來如一日，而且到現在還會不時地以客人的意見和自己的興趣來改進口味，希望作得更好。因此雖然他們才開業短短4年多的時間，儘管樂華夜市內還有一家老字號的麻油雞，也被他們用心經營的『嘉味仙』迎頭趕上，擄獲了不少客人的忠誠，同時來這裡消費的客人也都十分稱讚他們的口味，許多太太還會特別指定老公外帶非嘉味仙的麻油雞不可呢！

心路歷程………用心鑽研才擺攤，衛生至上是原則

不過畢竟是一個全新的攤位，老闆也是生面孔，雖然謝小姐夫妻兩人經過了特殊的手藝鑽研才敢出來營業，還是花上半年的時間才見起色。而當時謝小姐的先生原本只想以他引以為傲的麻油雞來闖出一番名號，不過由於生意實在不甚穩定，因此謝小姐

也就加進了其他的菜單，並且兼賣小菜，當然他們的招牌麻油雞到現在還是相當受歡迎；不過也因為他們的攤子提供了多樣性的菜單選擇，因此也讓他們的進帳多一些。

而謝小姐的先生認為做生意沒什麼別的訣竅，他表示經營小吃只有靠『用心』二字而已，除了秉持衛生至上的原則，所有的材料都是當天採買處理，相當新鮮，他絕對不會賣連他自己都不敢吃的東西給客人；且腳踏實地的學習態度也是他相當強調的主張，他認為料理的一切美味，應該都是要靠個人的不斷推敲研究才能勝出，尤其是火候和時間的調配控制，最難言傳，非得要靠親身的實驗才足以意會；尤其學習會計出身的他，對小吃經營也有一套概念，他說小吃業原本就是薄利多銷的行業，若是太過於精打細算反而造成得不償失的後果，所以他只希望東西能夠賣得快，如此一來現金的周轉也才能夠靈活，否則為了多貪幾塊錢的盈餘，東西一放久，不但失去它的新鮮度，也相對增加了許多不必要的利息支出，劉先生果然是行家，相當有經營生意的數字概念。

開業齊步走.........

攤位如何命名？

為了不讓客人因為過於生疏而觀望比較各攤生意的好壞與否，因此一開始謝小姐夫妻就打算繼續前一攤經營麻油雞的生意，起初並沒有以一定的名稱來招攬生意；不過漸漸在營業穩定之後，為了方便客人尋認，謝小姐的先生於是自行參考筆畫字數的吉祥與否，算出最招財的名字，這就是『嘉味仙』這塊招牌的由來。

地點選擇？

正巧燈籠滷味要在這裡開分店，剛好謝小姐一心也想從事小吃生意，恰巧這個頗為合適的店面空了出來；這麼多的巧合，天時地利，於是兩家就一起合夥使用目前的店面，供客人在內用餐，不論是滷味或是麻油雞都歡迎享用。

租金？

由於兩個攤位共同使用這個店面，牽涉到拆帳的方式，老闆其實不太方便透露；不過他說樂華夜市這一帶的店面，個個都像是金雞母一般所費不貲，像這樣一個可以容納50人左右的店面，每個月的租金都要十來萬上下，一點都不便宜。不過這裡人來人往，又是相當著名的觀光夜市，也難怪租金會居高不下了。

硬體設備？

謝小姐這裡所使用的硬體設備，幾乎都是在中正橋下自強市場沿路的店家採購，在這裡也是小吃攤的設備市集，部分賣的是二手貨，不過也有店家賣的是全新的攤車設備，一應俱全，而且比較便宜。謝小姐的先生建議新手可以直接買制式規格的攤車設備，大約1萬元左右的價錢不但划算，而且應付生意的需要，即使在一定的時間汰換，也不至於二手賤賣，反而虧本；而他們所使用的冰箱，也是一般四人容量的冰箱，大約在1萬元左右；唯一特別的是他們特別訂作的砧板，比起一般要厚得許多，剁雞肉時才不會發出太大的聲響。

人手？

生意不錯，當然得增加人手，目前謝小姐另外請了3個人手來幫忙點菜以及攤位的清潔收拾，不過謝小姐的先生在用人時也有一套原則，除了看起來要順眼乾淨，絕不會讓客人覺得不自在，在工作上的手腳俐落與用心負責，都是他十分強調的地方。他認為做生意不只是賺錢，工作的用心也很重要，所以他也要求員工以同理心來看待這份工作。

客層調查？

麻油雞果然是婦女同胞的最愛，姑且不論是否因為滋補養顏的絕佳美容效果，根據老闆的觀察，在下班後的晚餐時段常常可見職業婦女光顧；此外，好奇的小朋友因為喜歡麻油的天然香味，因此都會拉著他們的父母親，點上一碗他們最喜歡的麻油麵線；甚至在生意最好的假日時候，也有許多外地來的客人把握難得的機會，來吃吃他們的麻油雞，這對於還算是小吃界新鮮人的謝小姐夫妻來說，可都是一種相當值得的口碑肯定。

人氣項目？

就在謝小姐夫妻同時賣起豬腳麵線和其他小菜之後，選擇一多，營業額也跟著蒸蒸日上，不過最受客人歡迎的還是招牌麻油雞，不論是不加雞肉的麻油麵線，或是整隻的麻油雞腿，常常都面臨還沒有打烊就被一掃而空的反應熱烈；不過謝小姐的先生還是秉持著薄利多銷的原則，並不因此貪著多買上幾隻雞藉以大賺一筆。另一項人氣產品豬腳麵線則有後來居上的架式，不論是在材料和烹調上的用心、保證能填飽肚子的份量、介於100元上下的價位馬上讓豬腳麵線的老饕們食指大動、趨之若鶩。

營業狀況？

在熱鬧非常的夜市內做生意，通常都是愈夜愈美麗。傍晚時分一切材料準備就緒，每每到了晚餐時刻，與第二波約10點左右的宵夜時分，都是謝小姐一幫人最忙碌的時候，謝小姐的先生負責炒料，一鍋接著一鍋的大汗小汗直直落個不停，將最新鮮的麻油雞供應給客人。由於他十分堅持要供應最優的料理品質給客人，他所挑選的全雞隻隻肉質健康成熟，再加上往往都是現場現炒現賣，因此啃起來的口感相當滑嫩順口，沒得挑剔；此外，用來當作小菜的小黃瓜，也是謝小姐的先生刻意挑選室內栽培，不但果肉漂亮，而且不含農藥，也讓客人絕對吃得安心。

未來計畫？

由於每天晚上忙著生意之餘，謝小姐的先生還得在凌晨1、2點時就急忙趕到市場，以獲得優先選雞的權利，因此每隻雞都是經過他精挑細選『雞雞』計較下所購得，接著還得四處去採購其他材料，往往一忙下來都已經是清晨5、6點了，因此生活作息日夜顛倒、勞心勞力。如果接下來有機會的話，謝小姐夫妻倒是希望未來擴點或是搬家時，經營以白天銷售為主的生意，過著和一般人一樣的作息時間，將身體顧好才是。

數字會說話？

項目	數字	說說話
開業年數	約4年	
開業資金	約7萬元	簡單的攤車和冰箱等冷藏設備，以及基本的進貨成本
月租金	不方便透露	不過根據一般行情價，在樂華夜市內含店面的每月租金，都超過10萬元
人手數	4～5人	謝小姐負責外場的一切招呼與服務 先生則是負責所有材料的準備與採購 而3人配置的幫手則以時段制在場內幫忙收拾與招呼
座位數	約50人	外帶和內用的客人大約各一半
平均每日來客數	約200人	每人平均消費約100元
平均每日營業額	約20,000元	約略推估
平均每日進貨成本	約6,000元	約略推估
平均每日淨賺額	約12,000元	約略推估
平均每月來客數	約5,600人	約略推估
平均每月營業額	約560,000元	約略推估
平均每月進貨成本	約160,000元	約略推估
平均每月淨賺額	約340,000元	約略推估
營業時間	5:00PM～4:00AM	
每月營業天數	約28天	
公休日	每個月不定時休2天	

製作方法

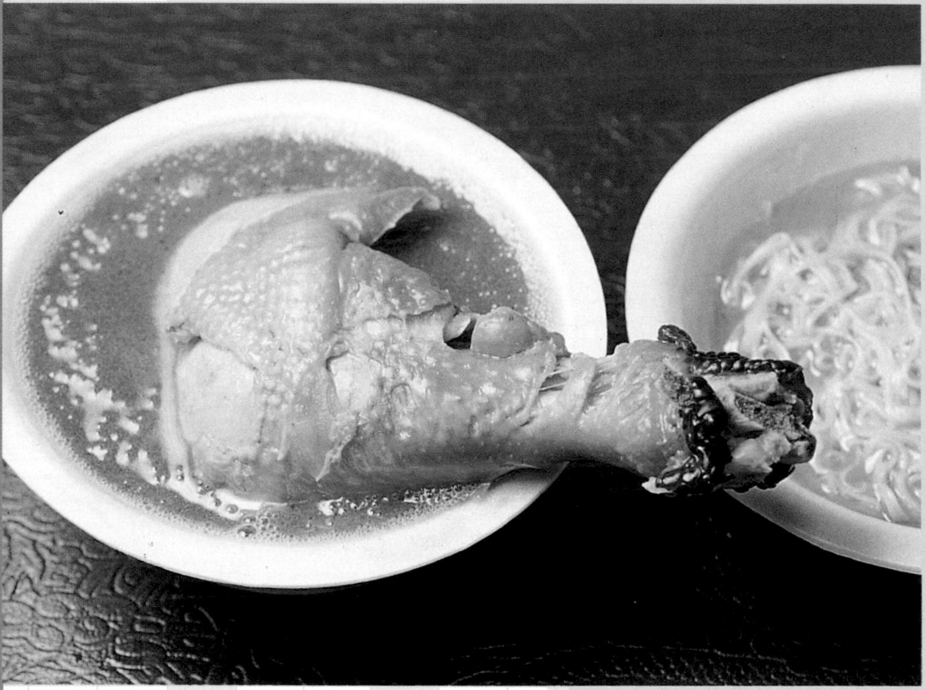

將胡麻油下鍋

在冷油時放入老薑片（避免鍋太熱薑焦掉）

待老薑爆出香味

放入雞腿肉

爆炒均勻至香

製作方法

加入米酒（蓋過雞肉）

待麻油酒滾後

加入適量的水（喜歡酒味重則可不加）

加入味精調味

待整鍋滾後撈起部分雞肉（避免肉過爛）

將麻油雞酒倒入工作檯中保溫

將麵線燙熟

舀出雞腿及麻油酒於麵線中

加入一些米酒加味

麻油雞成品

老闆給菜鳥的話………

其實謝小姐的先生認為口味要好，一定得要有親身研究與嘗試的精神，雖然他從來沒有向任何師傅拜師學藝，不過他除了試吃過大台北地區的麻油雞口味，還加以研究改進，而做出他目前認為好吃的口味。他認為就算是學習到十分獨到的比例配方，火候的掌控與食材的搭配，還是得要靠心領神會的經驗來累積功夫喔！

正在煮麻油雞的老闆

美味DIY………

材料

1. 老薑6兩
2. 胡麻油1杯
3. 母雞1隻
4. 米酒2瓶（若味道太重，酒可少放些，並加上一些水稀釋）。

哪裡買？多少錢？

選擇雞隻可到環南大型批發市場，不過根據老闆的經驗，通常雞隻在凌晨大約1點鐘左右就會送到集散市場，因此起個大早去買雞，才能先人一步挑選到品質優良、肉質成熟的雞種。由於謝小姐夫妻並不賣雞頭和雞腳，或許也可以請雞販在處理的同時去掉這幾個部分。至於米酒和麻油，可向雜糧行整批購買。

項目	份量	價錢	備註
老薑	1斤	約20元	秋天盛產，冬天時價錢上揚
母雞	1斤	約30元	雞隻價錢每天不同，全視雞隻品種與數量而定
香油	1瓶	180元	
米酒	1瓶	21元	公定價 (入WTO後.....未知)
胡麻油	1桶	200元	天然胡麻油

製作步驟

1. 前製處理

(1)先將雞肉與老薑切塊洗淨。

(2)內臟切塊洗淨、備用。

2. 後製處理

(1)先在油鍋中倒入適量的麻油。

(2)趁油未熱加入薑片爆炒至香。

(3)倒入雞腿、雞塊略為翻炒，直到雞肉表皮呈熟狀（內肉未熟）。

(4)加入米酒，若不想酒味過重，可加入適量的水稀釋。

(5)加入少許的味精調味，將水洒煮滾即可食用。

3. 獨家撇步

(1)雞肉的挑選以母雞為主，辨別此雞是否肉質結實少肥，可按壓雞胸部分，若雞胸看起來飽滿，捏起來有彈性不鬆軟，此雞必定是多肉好吃。

(2)煮麻油雞千萬不可加鹽調味，否則整鍋雞會變得苦苦的。

(3)在爆香老薑時最好冷油時就放進鍋慢慢爆香，若油溫過熱爆炒老薑容易使薑變焦，而影響整鍋的味道。

(4)營業時麻油雞需隨時保溫現舀現賣，記得要先將雞肉從湯中撈出，避免雞肉因持續加溫而將肉煮得太老爛。

你也可以加盟.........

才剛剛站穩生意的腳步，謝小姐夫妻暫時沒有立刻開分店的

麻油雞攤位外觀

打算，希望能夠先穩定客層與口碑，才有時間做接下來的打算：至於收徒弟這回事，由於謝小姐的先生相當堅持做生意的用心原則，因此他目前也沒有這種意願，其實誠如他所說，凡事要自己試過，如此一來，不但得到的寶貴經驗誰也偷不走，而且那股成就感絕對是萬金難換呢！

麻油雞老闆娘謝小姐

美味DIY小心得

王家蔥油餅

蔥香十足 越嚼越有勁
傳統麵餅更勝千百味
行家一出手 餅香處處有

美味紅不讓	特色紅不讓
人氣紅不讓	地點紅不讓
服務紅不讓	名氣紅不讓
便宜紅不讓	衛生紅不讓

店齡：12年老味
老闆：王老闆
年齡：50歲
創業資本：40多萬元
每月營業額：約42萬元
每月淨賺額：約25萬元
產品利潤：約5成
（老闆保守說，據專家實際評估約6成）
地址：台北市南京東路五段291巷4-1號
營業時間：3:00PM～7:30PM
聯絡方式：0932341185

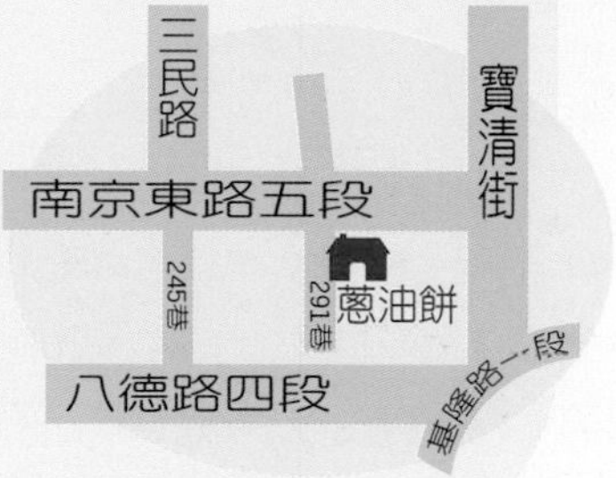

香、酥、脆嚼勁十足，難以抗拒的蔥香撲鼻而來……

世界各地餅類五花八門、口味衆多，在台灣普遍最受歡迎的仍然是蔥油餅。蔥油餅的口味真可說是老少咸宜，愈吃愈順口，一口咬下去，立即感受到蔥香滿溢，即使不沾任何醬汁，味道就已經非常足夠；蔥油餅的口感很特殊，雖然只是單純的麵粉，但咬勁十足，又Q又脆，口中嚼一嚼，齒頰盡是青蔥芳香，誘引人食慾大開，既可當點心又可當正餐，好吃得真的沒話說！

話說從前..........馬祖捕魚郎，台北換跑道

50歲的王老闆來自馬祖，有著典型離島人的性格，純樸、肯幹、不怕吃苦，在還沒來台北之前，過著典型離島人的生活一以捕魚為生。不過因前些年人口外流，加上大陸對岸捕魚業日趨發達，想在當地討生活著實越來越不容易，島上大部份都只剩下老人與小孩。本來也只是因為經濟不景氣想出來散散心的王老闆，當年抱著玩玩的心態來到台北，從沒想過居然一待就是12年。

第一次來到台北的王老闆夫婦，暫時借住在親戚家，由於親戚做的正是蔥油餅的小生意，那陣子蔥油餅大流行，到處見人買，看著看著王老闆心裡便想著既然離島的生活越來越艱難，手頭上又剛好存了點錢，何不就來台北放手一搏呢？就這樣，王老闆夫婦回到馬祖整理一些簡單的行李，又立刻回到台北，準備開始過全新的生活。 起初還是借住在親戚家，也在親戚的攤子上幫幫忙，順便學點基本功夫，時間過得飛快，幾個月過去之後陳老闆夫婦便搬離親戚住處，並在中和租了間房子，開始自己的事業。

問他：學徒的過程辛苦嗎？「當然辛苦」王老闆表示他是一個徹底的門外漢，完全從零開始學，壓力自然比別人大很多，好在值得慶幸的是有親戚不吝啓蒙指點，從頭到尾無條件熱心的協助，這的確幫了王氏夫婦很多忙。目前王老闆已有兩個固定據點，週一至周六在南京東路一帶，週日早上則在內湖的湖光市場裡設攤，由王老闆的女兒幫忙看顧。開業至今已12年，從沒沒無名到各大電視台與報章雜誌爭相採訪，王老闆憑著自己的努力與實力，用再尋常不過的蔥油餅為自己打下一片廣闊的天空。

心路歷程……….一連收到8張罰單，心灰意冷，差點捲舖蓋回老家

由於10多年前，經營蔥油餅小吃多半是以貨車代替攤車，剛剛來到台北的王老闆，還特地在忙碌之餘抽空去學開車技術呢！當初會選擇南京東路五段巷子口為起跑點，主要是看中它的三角地帶，不但靠近南京商圈，且又鄰近健康路附近住家，最重要的是它的位置略微偏僻，警察相對也少一點。開始初期，在最糟糕的情況下，王老闆曾在10天內收到8張罰單，金錢損失姑且不論，已40餘歲的王老闆還得成天與執行勤務時絕不手軟、年僅20餘歲的年輕後輩警察套交情、說好話，老臉實在是掛不住啊！心灰意冷之餘，他還曾經起過乾脆放棄事業回馬祖老家的念頭，但好在王老闆終究堅持留在台北沒回去，不然現在我們上哪兒買這樣好吃的蔥油餅呢？後來經由朋友的介紹，在距離巷子口不遠的一家中藥店門口，以每個月貼補店家老闆數千元水電費的方式，租下了騎樓部份充當營業點，原來的貨車也改為攤車，並加賣水煎包與鍋貼等，從此生意趨於穩定。

至於口味方面，王老闆強調不管哪一個行業，都是『師父領進門，修行在個人。』他們自己就摸索了將近2年的時間，加上有些外省老先生老太太每次吃完後都不時給點意見，而他亦從善如流、虛心改進，慢慢才有今天的成品水準。蔥油餅的好吃與否，全在餅皮口感的好壞，和麵的技巧是關鍵步驟，水量和水溫都必須拿捏得剛剛好，連天氣變化也都會影響調配的比例呢！王老闆驕傲的表示，以老闆娘現在的功力，只要用手捏一捏已和好的麵糰，便知比例對不對、麵糰能不能用喔！真可謂名副其實的『行家一出「手」，便知有沒有』啊！

開業齊步走............

攤位如何命名？

從來也沒想過要特地取上什麼名字，只是在招牌上『蔥油餅』和『水煎包』字樣之間寫上了一個大大的『王』字，既簡單明瞭又清楚，久而久之，『王老闆的攤子』便成了附近住家或上班族下午茶點心或晚餐的代名詞了，這樣的稱呼其實遠比一個正式的店名更為親切、更富人情味，不是嗎？

地點選擇&租金？

南京東路五段的巷子裡本來就是一個菜市場，最初王老闆是看上巷子口與南京東路的三角地帶車多、靠近商圈，人潮來來往往、川流不息，且附近上班族衆多，才決定在這落腳，後來竟發現主要的顧客卻以周邊住戶居多，上班族客源反而是慢慢才開發出來的呢！

最初以小貨車做為營業攤位的時候，雖然直接就可停在街邊開始做生意，挺方便；但得隨時注意警察，運氣不好有時會連續一個星期每天都被開罰單的紀錄，實在吃不消！後來透過朋友介紹，才得以在附近商家的騎樓下，以攤車的方式繼續營業，每個月則補貼店家數千元水電費。

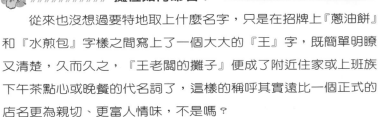

硬體設備？

由於王老闆是以貨車兜售方式開始經營的，所以當初的開業資金也較現在一般做小吃生意的人高出許多，需要40多萬元，而目前所使用的攤車則是特別訂作的，材質較佳，鋼板特厚且有三個爐（一般是兩個），花費約3萬多元，一般較粗糙的大概一萬多元就有了，但較經不起長期的高溫摧殘，壽命較短；至於平底鍋尺寸則可依個人需要，單價在數百元之間，以上材料全都可在環河南路一帶購齊。

人手？

從和麵、拌餡、桿皮、煎製等步驟由頭到尾都不假手他人的王老闆夫婦，在顧攤位時是非常忙碌且不得閒的，因為銷路太好以至於老闆娘得不停地包水煎包，王老闆則要邊煎邊桿，自然人手不足，所以現在另外請了兩個助手幫忙，每人時薪100元，人性化經營的王老闆每個月還放員工4天帶薪的假呢！。

客層調查？

附近的上班族對王老闆的攤子可說是擁護及捧場的不得了，幾乎每天下午王老闆都有跑不完的外送，最遠到東興路的勁報大樓，那裡幾乎整棟樓的辦公室都是王老闆的忠實顧客呢！當然其他距離更近的辦公大樓就更不用說了。說到這您一定以為這周圍的上班族就是王老闆主要的客源了吧？並不完全是喔！根據王老闆的說法其實在菜市場裡，光是附近居民的生意就已經夠做了；至於為何遠近馳名，是後來有人下了班順道來消費，上班族的生意口碑才慢慢傳開來，令人難以置信吧！且王老闆說即使下雨天，他的生意都不會受到太大的影響，其魅力可想而知，看倌們有空不妨來試試，包您大快朵頤回味無窮。

人氣項目？

蔥油餅自然是當仁不讓的人氣項目，皮酥蔥香、不油不膩，愈嚼愈有勁，一口接著一口，真的會上癮呢！

除了蔥油餅之外，好吃的水煎包也不遑多讓。王老闆對於高麗菜和韭菜兩種餡料都曾下過功夫，作了相當深入的研究，高麗菜餡不但加入了彈性較好、口感較佳的豬前腿肉，而且高麗菜也要事先醃過，才能保持脆度，韭菜餡裡面則是加了冬粉、豆干，以及炒得香噴噴的蛋花，無怪乎這二種口味的水煎包都能好吃得讓人津津樂道。

營業狀況？

蔥油餅雖然老少咸宜，但王老闆的生意仍有淡、旺季之分。一般而言，冬天較易產生餓冷感，想吃蔥油餅的慾望會較高，因此冬天的生意普遍較佳。以平常的生意來看，學生放假或上班族下班、休假的日子，蔥油餅的生意會清淡些，但整體而言，蔥油餅和水煎包的生意都還算不錯，唯一美中不足的是，每月都會收到警察奉送的紅單（一張1200元，每月2～3張不等）！

未來計畫？

王老闆其實並沒有任何開分店或開班授徒的計畫，他說雖然自己已有10多年經驗，現在有時一不小心都還會失手，加上生意實在是非常的忙碌，無暇他顧；如果再開分店真的難保品質可以繼續維持水準以上。王老闆自豪的以『鼎泰豐』自比，他認為『鼎泰豐』生意這麼好，為什麼也不開分店呢？答案很簡單，就是怕一個不小心如果壞了招牌，那可真是得不償失啊！至於開班授徒呢？幫幫忙！王老闆連睡覺的時間都快沒有了，再也抽不出多餘的時間當老師了。

數字會說話？

項目	數字	說說話
開業年數	10年	
開業資金	約40萬元	一台小貨車外加鍋、爐等器材，如果只用小攤車，則10多萬元即可
月租金	數千元	騎樓之下，每月貼補店家水電費用
人手數	4人	由王老闆夫婦和另兩名人手
座位數	無	全以外帶方式營業
平均每日來客數	約300～350人	約略推估
平均每日營業額	約13,000～15,000元	視季節及來客數而定
平均每日進貨成本	約5,000～6,000元上下	約略推估
平均每日淨賺額	約6,000～7,000元	視季節及來客數而定
平均每月來客數	約9,000～11,000人	視季節而定
平均每月營業額	約420,000元	
平均每月進貨成本	約168,000元	
平均每月淨賺額	約250,000元	
營業時間	3:00PM～7:30PM	
每月營業天數	約28天	
公休日	每週日	

製作方法

先將麵糰用手壓平

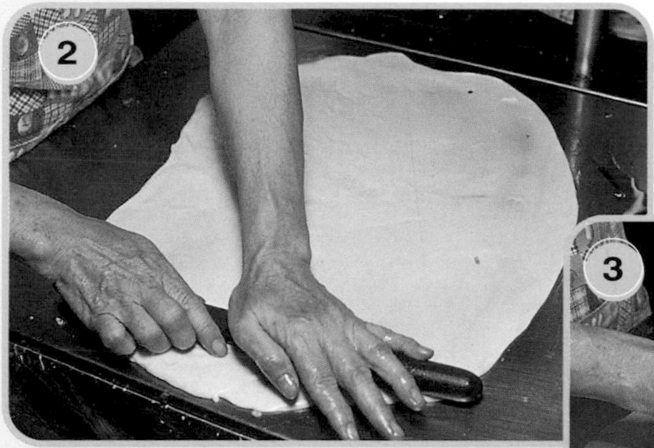

用桿麵棍將麵皮桿薄

灑上鹽及蔥花

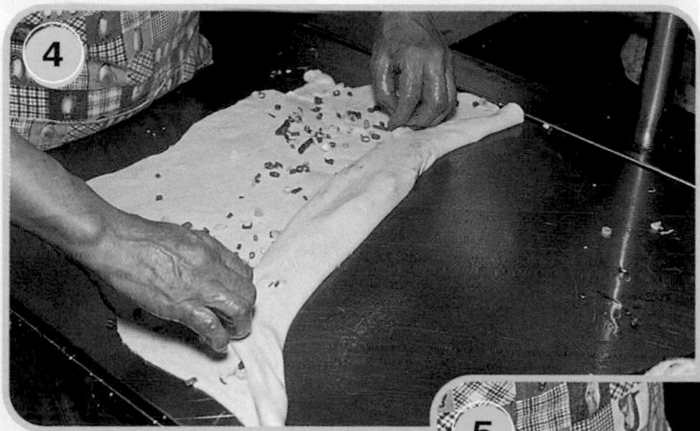

將餅皮捲起

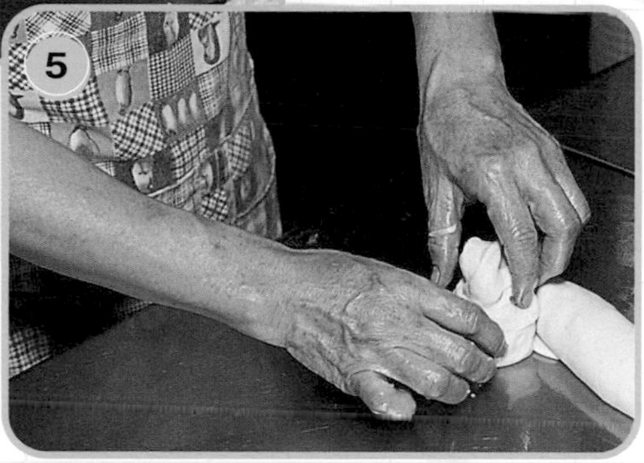

將捲成長條的麵皮順時鐘繞

製作方法

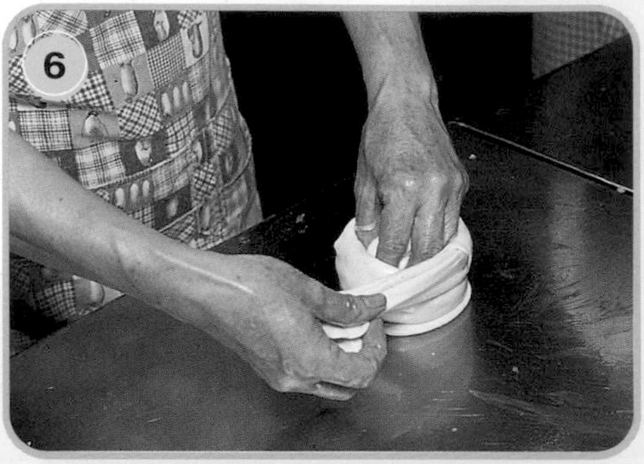

繞成螺旋狀的圓糰
後，尾端壓底收尾

完成的蔥油餅麵糰

在餅糰上灑上大量芝麻

用手掌將餅糰壓平

在餅糰上鋪上一層塑膠膜
（避免沾黏），將餅皮桿薄

以煎鏟和麵棍輔助將餅皮下鍋

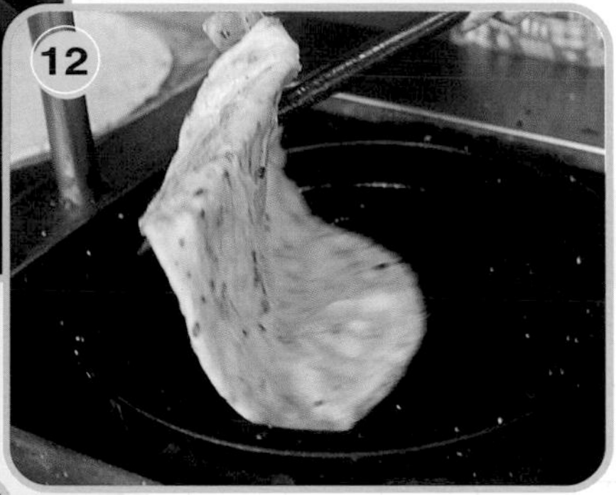

將蔥油餅翻面

用煎鏟壓一壓蔥油餅，使其均勻受熱

將煎熟的蔥油餅鏟起

老闆給菜鳥的話..........

做麵食很辛苦，早上5點半就得起床和麵，一直做到中午，在攤子旁邊也半刻不得閒，只要有人買，就得一直繼續做下去，但凡事一定要有恆心，生意不是一天做成的，需耐著性子慢慢來。王老闆回憶到第一天開工時才賣了3鍋，除了地點因素，東西好吃更重要，製作過程絕不許偷工減料，千萬不可以抱著偷懶或僥倖的心態，客人不是傻瓜，試過一次不好吃，下次還會上門嗎？所以師父怎麼教，就得按部就班照實做。貨真價實，生意自然會興隆！

美味DIY...........

材料

1. 中筋麵粉1斤
   （約可做2～3張）
2. 蔥5兩
3. 芝麻少許

調味料

1. 鹽適量
2. 油適量

哪裡買？多少錢？

由於客源穩定，出貨正常，王老闆每隔7天就大量進一次貨，而貨源也都是由中和家裡附近的雜糧行固定配合提供，包括中筋麵粉與芝麻，至於大蔥則由菜市場裡的菜販固定配合批發。王老闆這麼建議：麵粉、油、鹽、芝麻可至迪化街或五穀雜糧行大批購買，蔥、菜、肉可至大批發市場買齊，以降低進貨成本。

項目	份量	價錢	備註
中筋麵粉	1袋/22公斤	300元上下	一般雜糧行
蔥	一把	20元	大約可做3～5個（此為傳統市場內的單價，大量批發則便宜些許）
芝麻	1斤	30元左右	一般超市或雜貨雜糧行均售
鹽	1箱/24包	335元	
沙拉油	1桶/18公升	400元	

製作步驟

1. 前製處理

麵糰

（1） 在調理盆中倒入中筋麵粉1斤，將麵粉撥往盆四周，於盆中間留出一點空間。

（2） 先倒入水溫約35℃的溫水於盆中和麵（為軟化麵筋），1斤麵粉9兩水（此時的溫水並不能與1斤的麵粉完全和勻）。

（3） 再加入適當的冷水，將麵粉揉成糰狀（冬天要揉較長的時間，夏天則可縮短時間）。

（4） 用溼棉紗布覆蓋麵糰，醒麵15分鐘，即成蔥油餅皮。

蔥

（1） 將蔥去莖頭，挑選洗淨。

（2） 稍微瀝乾水份。

（3） 切成蔥花備用。

2. 後製處理

（1） 將麵糰取出適當的份量用手揉圓壓平。

（2） 用桿麵棍將麵皮桿薄後，均勻的抹上一層沙拉油於麵皮上。

（3） 灑上蔥花及少許的鹽。

（4） 將麵皮捲成長條形後，繞圈捲成螺旋狀，再灑上白芝麻備用。

（5） 將沾有白芝麻的麵糰壓平，鋪上一層塑膠膜（避免麵糰和桿麵棍沾黏）用桿麵棍桿成大小厚薄適中的蔥油餅。

（6） 以桿麵棍輔助支撐餅皮下鍋，煎成兩面酥黃（快速爐周圍火力無法均勻受熱，因此要適當的調整餅的位置，才能將餅煎得恰到好處）即可起鍋食用。

3. 獨家撇步

（1） 冷燙麵可使蔥油餅皮更酥脆，使餅內更加柔軟，達到餅酥內軟的口感。

（2） 如果想吃更酥香的蔥油餅，可在桿薄麵皮時均勻地於皮上抹上一層豬油，再加鹽及蔥花捲起。

（3） 煎蔥油餅的火候及技巧，更是決定餅是否好吃的關鍵。若想讓餅煎起時呈酥鬆狀，平底鍋中的沙拉油就要多放些（沙拉油可使餅鬆，豬油可使餅脆）。

你也可以加盟..........

王老闆目前在台北有2個攤位，一處位於南京東路5段的發跡地點，一處在內湖，兩攤都由家人或近親經營中。王老闆暫時還不想將苦心研發的蔥油餅和水煎包外傳，現在只等正在當兵的兒子退伍後接手他的生意。

想向王老闆習得一技之長的朋友，不妨以你的誠心三顧茅廬，說不定能打動這位古意老闆的心。

芝蔴園石頭燜烤玉米

石頭鋪上去
玉米擺進去
傳統醬料塗上去
圈圈翻轉層層刷
揮灑芝麻好得意！

美味紅不讓
人氣紅不讓
服務紅不讓
便宜紅不讓
特色紅不讓
地點紅不讓
名氣紅不讓
衛生紅不讓

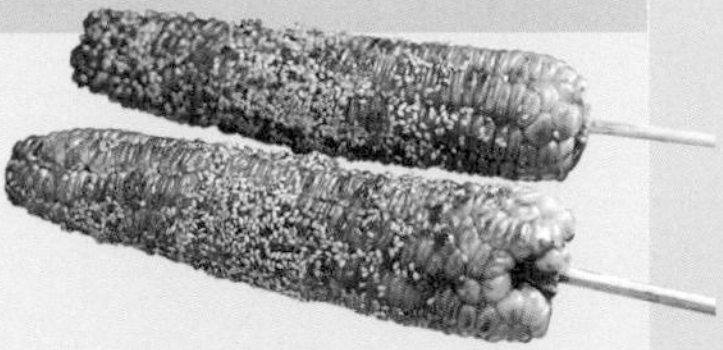

店齡：12年老味
老闆：張老闆伉儷
年齡：40歲
創業資本：約5萬元
每月營業額：約60萬元
每月淨賺額：約30萬元
產品利潤：約2成
（老闆保守說，據專家實際評估約5成）
地址：台北市基隆路二段與臨江街口
（臨江街夜市內）
營業時間：3:00PM～2:00AM
聯絡方式：0921840118

百變『玉米』天后，樣樣都行………

玉米物美價廉與四季皆產的特性，在世界各地不同文化的美食當中，早就以千變萬化的方式被呈現出來，從簡單健康的美式奶油玉米，到充滿拉丁風情的墨西哥玉米薄餅，或是南洋口味的玉米鮭魚，在繞著地球跑一圈後，筆著的最愛，仍然是道道地地台灣夜市出品的烤玉米！玉米在烤架上不停被翻轉的烤著，濃郁的醬汁在玉米的表層一層又一層來回刷著，玉米越烤越香，醬汁越塗越厚，兩者融合在一起密不可分的味道，嗯！只要咬過一口，保證從此戒不掉喔！

話說從前.........股災賠光積蓄，「東山」從小吃攤「再起」

十多年前張先生原來從事進出口貿易的生意，有一間屬於自己的公司，生意還算不錯，幾年下來，也存了點錢。有了錢後，便開始學人做投資，像買賣股票之類的。對股票完全外行但還算有點天分的張氏夫婦，起初還小賺了一筆，但好景不常，民國78年的股災，讓張老闆不但虧光了曾經靠股票所賺的錢，也賠上了自己所有的積蓄。就在窮途末路之際，腦筋向來轉得比別人快的張老闆，突然起了做小吃的念頭，這並不需要太高的成本，收的又是現金，挺適合他當時的狀況；就這樣，烤玉米的想法慢慢的在張老闆的心裡萌芽滋長。

天蠍座的張老闆或許天生就是一塊做生意的料，對經營生意一向有一套自己獨特的看法，他知道只是普通口味的小吃難免很快會被淘汰掉，特殊口味的醬汁才是烤玉米成敗的關鍵所在。於是張老闆開始專研中藥的配料及調製方法，最後成品由老闆娘率先品嚐，夫妻果然同心，張太太一試之下對老公的秘方簡直讚不絕口，隨即大力支持先生準備開張做生意了。果然天下無難事，才短短2、3個月，生意即已達到穩定成長的階段，張老闆的獨門秘方果然奏效，您相信嗎？據老闆娘表示，12年來即使是下雨天對他們的生意都絲毫沒有影響，人潮依然踴躍！

當生意日漸起色之際，張老闆做生意的天份漸漸顯露無遺，現在緊連著烤玉米的左右兩攤也都是他的心血結晶，分別是現榨新鮮果汁與香雞排。除此之外，他還忙著經營珠寶買賣的生意呢！張老闆的企業化經營理念畢竟未被埋沒，多樣化的生意經營讓他忙得頗具成就感，因此已無暇分身親自到攤位上照顧生意，目前攤子上有六個師父輪流顧著，老闆娘也在旁邊的香雞牌攤子幫忙，夫妻倆分工合作，一起繼續走下去！

心路歷程.........明察暗訪找石頭，「燜」烤玉米原汁原味

由於攤位是自己的，加上通化街夜市一向都有自己的夜市自治管理委員會，所以只要在不妨礙交通的情況下，警察通常都不會太計較，這也是張老闆比一般小吃業者來得幸運的地方。但也不是每一件事都是這麼順利的，張老闆可是傷透了腦筋才成就了他的獨門石頭烤玉米喔！除了依傳統秘方調製醬汁的心血結晶之外，當張老闆發現如果玉米用水煮，其香味及甜味會立刻流失掉，經反覆思索之後，烤玉米爐的設計藍圖便在腦海中浮現了！每天張老闆都想著如何能烤出最具原味的玉米：「不能直接烤吧，要用『燜』的，把玉米燜熟；但怎麼燜才會使烤爐內能散熱平均且保溫呢？左思右想之後，試試看石頭吧！結果居然還不錯呢！」

起初這找石頭的工作，還真讓張老闆忙了幾天，石頭平時隨處可見，要買時可真是一點頭緒都沒有，最後好不容易在盆景店找到了！再來就是玉米的品質，張老闆和老闆娘在試吃了各種玉米之後，發現黃玉米的水太多，太甜，且皮的口感略嫌硬；珍珠玉米則會黏牙；最後以水分適中，且烤過之後不論味道或咬勁都優過其他玉米的傳統的白玉米勝出！不過因為季節產量的問題，有時仍然要以其他品種代替，如果碰上颱風天連玉米都買不到的時候，也只有休息幾天了。看到這您一定覺得差不多大功告成了吧？錯！為了讓石頭玉米更具特色，張老闆畫龍點睛好有巧思的在上面灑上甘甜味美的白芝蔴，為什麼不用黑芝蔴呢？答案很簡單，因為黑芝蔴的賣相沒有白芝蔴搶眼嘛！在看完張老闆的心路歷程之後，讀者們是不是也覺得每一個小細節都如此用心的張老闆，也難怪會如此成功了！

開業齊步走............

攤位如何命名？

產品如其名，『芝蔴園石頭燜烤玉米』一語道出其不同的特色，雖然在張老闆首創以石頭燜烤再灑上芝蔴的作法之後，有很多商家也都陸續跟進，至於味道如何則見仁見智了，至少他們都沒有張老闆的獨門醬汁秘方嘛！不過話說回來以『石頭』、『芝蔴』兩大特色命名，不但簡單易記，且非常具有代表性呢！

地點選擇？

其實10多年前臨江街尚未像現在這麼熱鬧，不過它位於通化街夜市旁且亦屬通化街夜市管理委員會管理，不需要擔心小吃攤的勁敵—警察，加上張老闆又有自己的攤位，於是便理所當然在這落了腳。臨江街這幾年來也有越來越熱鬧的趨勢，看來張老闆還真是個有福氣之人呢！

租金？

由於攤位是自己的，每個月只需繳數千元的管理費即可，與其他小吃攤相較之下，真是天壤之別！

硬體設備？

烤玉米目前所使用的攤車是兩年前訂做的，鋼板較厚且較耐高溫，非常實用堅固，差不多4萬元左右，一般攤車大約只需一萬多到2萬元就有了。石頭烤爐則是由張老闆自己設計訂做的，花費2萬多元，都可在環河南路一帶買齊。至於黑石頭則可在一般盆景店大盤商處購得，一包數百元，一爐約需3、4包便可加滿，但如果遇到不肖業者，張老闆表示他曾聽過一包2000元的都有。

》》》》》》》》》》》》 人手？

大部分時候張老闆都不在攤位上，不過老闆娘則在旁邊香雞排的攤子幫忙，烤玉米這邊有6個師父輪流顧著。晚上9點鐘之前的夜市，人潮還在醞釀，僅留2位師傅看著，9點鐘之後夜市湧入大量人潮，則增加一位人手，平均每個師傅一個月上26天班。

》》》》》》》》》》》》 客層調查？

張老闆獨門的秘方和特殊的烤法果然吸引了各個階層的人士，不論男女老幼、逛夜市的學生、上班族或家庭主婦都喜愛。可能是位於夜市裡的關係，老闆娘說除非是颱風天不開市才買不到玉米，其他時候不管下雨打雷，都還是會有人特地跑來買喔！其實就像老闆娘說的，做生意千萬要堅持不偷懶，因為客人如果認為你隨時都會在這，那不管天氣是好還是壞，都會有人特地來買的。

烤玉米攤位外觀

人氣項目？

好吃又有嚼勁的烤玉米，是當仁不讓的人氣項目。香氣撲鼻的醬汁，經由紅外線烘烤後，濃稠又可口，搭上Q又香的上好白玉米，真是絕配。獨家調製的中藥粉，在這裡發揮了舉足輕重的地位，別家可吃不到喔！

營業狀況？

張老闆目前請了6位兼職工作人員，經由專業訓練後，分別依不同的時段輪班顧攤，因此烤玉米的技術都在水平之上。通常下午3點到9點有2位工作人員輪值，晚上9點到凌晨1點半的尖峰時間則有3位員工各司其職。他們每小時平均時薪為120元，收入在業界算是頗高了。

因為口味獨特，讓人一吃就上癮，張老闆的生意一直處於如日中天的狀態，平均每天的營業額大約有2萬元左右，星期假日更高達3萬元以上，扣掉成本及人事開銷，每個月的收入可高達30萬元以上，真令人稱羨！

未來計畫？

帥哥說：「我們的烤玉米讚喔！」

張老闆目前重心放在珠寶業，常需搭飛機洽商，往往在各地飛來飛去，現已幾乎沒有多餘的時間到攤位上幫忙，3個攤子都雇人照顧，老闆娘也從中幫忙，生意都相當不錯。問他有開分店的打算嗎？「不了，真的沒多餘的時間了；現在生意很穩定，已經很知足了，而且若開了分店之後，沒多餘的人手看著也不放心，就維持現在這樣，很開心，很滿意」。

數字會說話？

項目	數字	說說話
開業年數	12年	
開業資金	約5～7萬元	攤車、烤爐等基本配備
月租金	數千元	攤位是自己的，只是每個月需繳管理費
人手數	6人	共6位師傅分時段輪流接手
座位數	無	全以外帶形式營業
平均每日來客數	400～500人	冬天生意比夏天佳
平均每日營業額	約18,000～20,000元	約略推估
平均每日進貨成本	約2,000元上下	依季節不同而有所差異
平均每日淨賺額	約10,000～12,000元	約略推估
平均每月來客數	約10,000～12,000人	約略推估
平均每月營業額	約600,000元	約略推估
平均每月進貨成本	約90,000元	約略推估
平均每月淨賺額	約300,000元	約略推估
營業時間	3:30PM～2:00AM	通常1點半左右就開始收攤
每月營業天數	每天	
公休日	颱風天	

製作方法

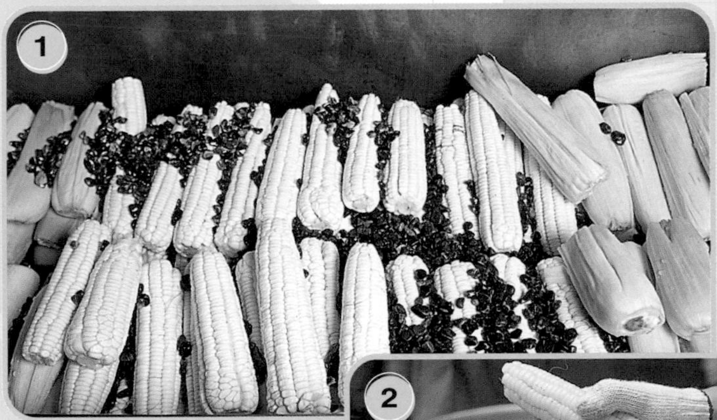

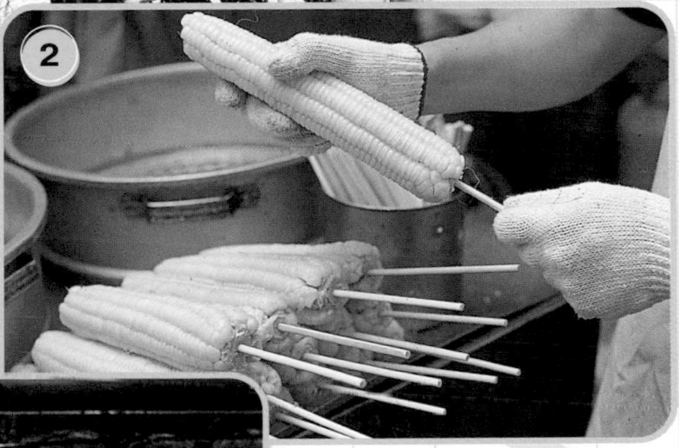

用竹籤將玉米一支支串好

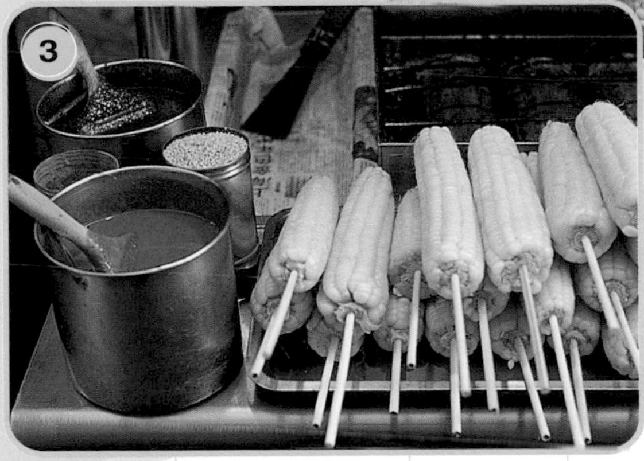

玉米整理好備用

Know-how

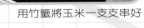

製作方法

將已熟的玉米略烤過

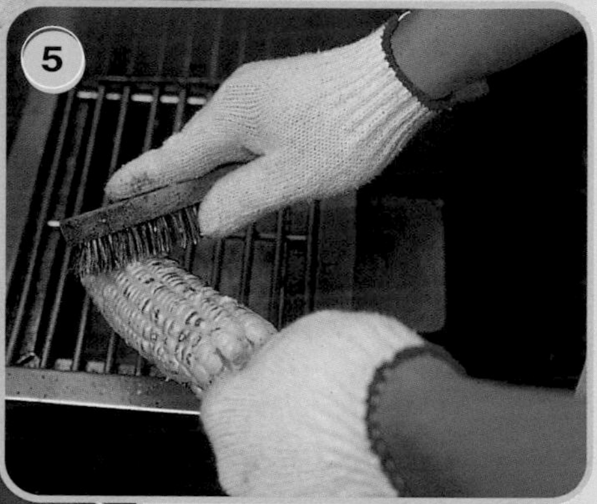

用鋼刷刷去玉米上的焦灰及薄膜

塗抹上調味料

來回翻轉烤乾後，再塗一層調味料

灑上芝蔴

烤玉米成品

老闆給菜鳥的話..........

專注工作的工作人員

從頭到尾都要用心做，每一個小細節都要留心，要有堅強的意志力。用心、留心、意志力，兩心一意會成功。做小吃一開始難免辛苦，就算天氣不好也要照常營業，這樣人家才會記得你，知道你天天都會在這裡，來光顧的機會便會大增。小生意本來就是這樣開始的，千萬不可因為生意不好就想停止，只要價錢公道，東西好吃，一定做得起來的。

美味DIY.........

材料

1. 白玉米數根　2. 芝蔴適量

調味料

1. 醬油1杯
2. 沙茶醬2大匙
3. 味精1茶匙
4. 蒜頭4兩
5. 砂糖1大匙
6. 辣椒粉少許
7. 中藥秘方（五香粉、甘草粉、肉桂粉、胡椒粉）

哪裡買？多少錢？

由於現在生意非常穩定且訂貨量大，張老闆每天都需要從中央市場的玉米批發商進貨，由於是長期配合的商家，加上張老闆之前就是台北農產運銷公司的承銷商，所以批發商都願意幫張老闆送貨，每天差不多都是4～5個麻布袋，400～500根左右，一個麻布袋價錢約1500～1800元左右；但如遇上玉米缺貨時，也曾經飆漲到1袋2500元，如果遇到週末市場沒開時，則一次進2天的貨。至於醬汁裡的醬油，張老闆則堅持最好的老牌子『雙美人牌』醬油，沙茶醬也一樣，堅持最好、最老的牛頭牌，這些醬料的進貨都與迪化街的南北雜貨店，維持長期良好的合作關係。而烤玉米用的石頭則可向盆景或造景商洽購。

項目	份量	價錢	備註
白玉米	1袋 100根	1500～1800元	依季節產量而定，最貴可達2300～2500一袋（中央批發市場）
牛頭牌沙茶醬	最大罐	400元	可依個人不同喜好選擇牌子（一般大賣場均售）
雙美人醬油	10台斤（6公斤）	200元	可依個人不同喜好選擇牌子
二級砂糖	50公斤	950元	雜貨雜糧行均售
芝麻	1斤	30元	一般雜糧行
辣椒粉	1斤	120元	一般雜糧行
味精	1箱/12包	450元	
蒜頭	1斤	25元	

製作步驟

1. 前製處理

玉米

(1)將買回的新鮮玉米去皮、去鬚。

(2)放入已燒熱的麥飯石中燜烤約15分鐘。

(3)取出放在烤架上翻烤約3分鐘後，用鋼刷刷掉一層薄膜。

醬汁

(1)將醬油1杯、沙茶醬2大匙、味精1茶匙、砂糖1大匙、中藥粉，以2大匙的沙拉油在鍋中爆炒至香味溢出。

(2)盛起放涼加入4兩的蒜泥調味備用。

辣醬

(1)將甜辣醬對水煮沸，加入辣椒粉即成辣醬。

2. 後製處理

(1)將處理好的玉米放到烤架上翻烤約5分鐘，並不時來回刷塗上醬汁。

(2)依個人口味刷上適量的辣醬汁。

(3)在最後一次塗上醬汁時，灑上炒過的白芝蔴（炒過較香），即完成烤玉米。

3. 獨家撇步

(1)由精選麥飯石燜烤出的白玉米，香Q有嚼勁，更能將玉米的原味襯托出來。

(2)烤玉米時先將玉米表面烤得微焦，再用鋼刷將玉米的薄膜刷掉，抹上特調醬汁時，才能附著入味。

(3)獨門醬汁調味料的比例，決定了烤玉米最後的成敗，因此醬料不可太鹹否則會蓋過了玉米的清甜味。

你也可以加盟.........

因跨足珠寶事業且又賣果汁及香雞排，張老闆已忙得焦頭爛額，現在除了珠寶事業之外，其他的事業都交給張太太經營。況且孩子還小都在唸書，要傳承給第二代尚言之過早。要規劃成連鎖加盟攤店，又忙得沒時間。因此張老闆目前還不打算將一手好功夫，傳授給其他人。

有心一學張老闆獨家撇步的朋友，不妨先想辦法成為他的員工，再伺機求教，成功的機率會大一些。

美味DIY小心得
MEMO

新中街手工肉圓

堅持傳統、堅持純手工

皮Q肉香筍爽口

和麵、拌肉、調醬汁…進蒸籠

淋上醬汁加蒜蓉

手工100% ×鮮度100% ×Q度絕對100%

美味紅不讓	特色紅不讓
人氣紅不讓	地點紅不讓
服務紅不讓	名氣紅不讓
便宜紅不讓	衛生紅不讓

店齡：20多年老味
老闆：黃先生伉儷
年齡：54歲
創業資本：2萬元
每月營業額：約28萬元（約略推估）
每月淨賺額：約14萬元（約略推估）
產品利潤：約2～3成（老闆保守說，據專家實際評估約5成）
地址：台北市新中街4巷1號
營業時間：12:00PM～8:00PM
聯絡方式：（02）27631506

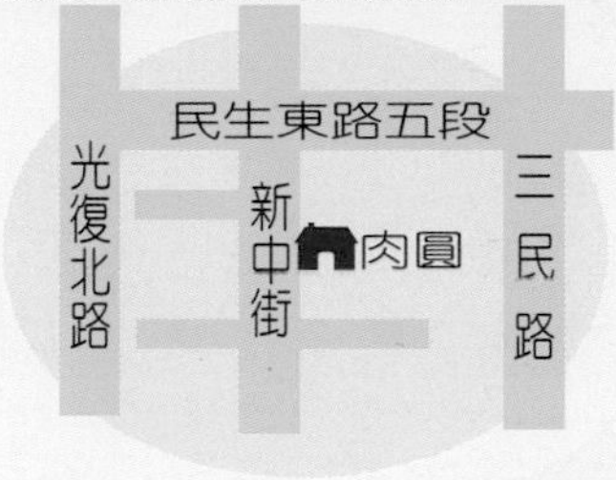

哇！好Q啊！碰到牙齒還會彈一下，這是什麼肉圓？

透過晶瑩剔透，一看就知道彈牙的皮，依稀可見裡頭豐富的配料，鼓鼓實實的碎豬肉加上鮮筍，再配上酸甜濃郁的醬汁加蒜蓉，哇！香Q美味肉圓的魅力簡直無法擋！想起小時候剛剛搬進民生社區，每次在吃飯時間走進這一排小吃攤的陣帳裡，常常難以取捨到底今天該吃什麼好，但結果卻從來沒變過，一定是在這肉圓攤前停下來，點一份肉圓，一碗魚丸湯，就這樣打發一頓飯，有肉、有魚、有蔬菜、有澱粉質、有湯，真好！

話說從前.........毅然北上打拼，砸下全部家當來賣家鄉肉圓

來自彰化，自稱書讀得不多的黃老闆，給人第一眼的印象就知道是來自中南部的古意人；純樸的氣質，加上極具親和力的笑容，好像天生就具備了做小吃生意的本錢。中學畢業之後，黃老闆和當地一般的年輕人沒什麼兩樣，在家裡附近找了一個送水果的工作，工作內容是去田裡接收新鮮水果，然後送達市場裡販賣。直到後來當時的老闆決定把生意收起來之後，黃先生也做了一個改變他一生的決定：隻身來到台北打拼事業。剛開始在一家製造壓克力廣告招牌的小工廠當學徒，決定繼續留在台北長期發展後，便把黃太太一起接了上來。為了貼補家計，黃太太也在小工廠的廚房裡獲得了一份幫大夥兒煮飯兼打掃的雜工。

在一次偶然的聚會中，黃先生夫婦認識了一位來自家鄉的朋友，隨興聊起了家鄉的特產—肉圓，朋友提到在離開家鄉之前曾和一位肉圓師傅偷過師；就這樣，間接透過朋友口述肉圓師傅的肉圓製作過程，黃先生與太太決定利用全部身家積蓄—黃太太的嫁妝，開始創業，準備作自己的老闆。一直到現在，黃老闆自豪的說，只要在民生社區一帶提起新中街肉圓，可是無人不知，無人不曉呢！但黃老闆並不因此而自滿，即使到了已有20多年製作經驗的今天，他們仍然不斷接受不同顧客的批評指教與改良，並且只要聽說哪裡有新開幕的彰化肉圓，黃老闆就會趁休假時帶著太太去品嚐一番， 以便和自家產品比較之後作適當的改進，如此兢兢業業、戒慎恐懼的營業精神，無怪乎即使附近曾經出現過競爭對手，也都默默拉下大門紛紛知難而退了！

心路歷程.........每日工作15小時，研究創新在改良

最早黃先生的肉圓攤曾在內湖胞弟家附近擺過一陣子，後來

忙碌中的老闆及老闆娘

聽說民生社區人潮衆多，便移動到三民路、新東街一帶，但為了跑警察與避免罰單的情況下，設攤位置與時間都變得不固定，顧客也相對的減少。輾轉在友人的介紹下得知新中街有一個攤位，早上由店家自己經營涼麵，下午可租給他們。就這樣，黃先生與太太在目前的營業地點開始了新的生活。每天早上7點鐘起床開始調漿、拌肉、調醬汁…一直到最後進蒸籠等繁複的前置作業；別小看這整套製作過程，由於開始時技術的不足，黃老闆與太太是經過了反覆的失敗、氣餒、重來、再重來，加上細心蒐集各方面的意見，才有今天美味可口又彈牙的肉圓。

攤位租金則由最初時的數千元，慢慢漲到現在4萬多元，再加上基本水電，每月至少5萬元的開銷，幾乎不剩多少利潤。從沒請過其他人手，從頭到尾都一手包辦，「自己的生意還是要自己顧，才比較安心，我們也只是賺個工錢啦！」黃老闆滿足又誠懇的說。「耐心，用心，穩紮穩打，實實在在！」秉持著這理念，黃老闆夫妻合作做了20多年的生意，從來沒做過特意的宣傳，單憑顧客「好吃道相報」，一人傳一人，便造就了今天源源不絕的客源。雖然一天工作將近14、15個小時，但黃老闆相信，只要顧客吃得滿意開心，再辛苦他都會繼續堅持下去。

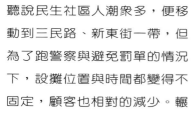

開業齊步走.........

》》》》》》》》》》》》 攤位如何命名？

除了大大的『肉圓』與『關東煮』幾個字，加上其他湯類的選擇，黃老闆的攤位看板並未標明攤位名稱；其實做了20多年，口碑早就勝過了任何一個名字，附近的居民只要提起新中街肉圓，自然就聯想到黃老闆親切的笑容，取不取上名字似乎已經不太重要啦！

地點選擇？

當初就是看上民生社區是一個舊社居，環境單純、客源穩定，雖然近10多年商家快速林立，帶動商機之餘亦帶來了一些上班族群；但客源最主要卻還是以附近的居民和學生為主。隨著區域特性，黃老闆由中飯時間開始營業，一直要忙到晚飯之後才收攤，是為了方便配合顧客作息時間所致。

租金？

當初也是像一般小吃一樣，在攤位之前的紅磚道上擺幾張桌子、椅子，當時的租金約2萬多塊左右。 自新修法令明文禁止小吃攤利用紅磚人行道做生意後，在無計可施之下，黃老闆唯有租下整個店面，租金每月高達4萬多塊。「我們小吃生意本來利潤就不高，現在又這樣規定，新政府真的應該替我們業著好好的規劃一下！」黃老闆感嘆的說。

硬體設備？

根據黃老闆的說法，小吃攤車由一台數千元到十多萬元都有，他目前使用的差不多2萬多元左右。如果是剛想創業且資金有限的年輕人，黃老闆建議不妨買便宜一點的就可以了。攤車等器材全都可在環河南路一帶購全，至於油鍋則一般批發市場以數百元的單價即可以買到。

》》》》》》》》》》》》》 人手？

20多年來，從每天辛苦跑警察的不堪處境到擁有自己的店面與川流不息的客源，全憑兩雙手的功夫，黃老闆夫婦從來沒有請過任何人手。由於小吃的利潤不高，也確實無餘力再多請一個幫手。問他辛苦嗎？「當然辛苦！兩個人從製作，和招呼客人到最後收拾打掃全得自己來，但夫妻一定要互相忍讓，齊心協力，也就沒有解決不了的困難啦！」黃老闆如此教誨著後輩。

》》》》》》》》》》》》》 客層調查？

客源大部分都是附近的住家或學生，算是非常的穩定：午餐與晚餐時間最忙，下午學生放學時也有一段尖峰時刻。其實所謂不忙的時候也從沒見黃老闆的手停下來過，店裡仍然人進人出的，但還有一部份的人客你一定想不到，就是過路的計程車司機，且聽說大部分吃過黃老闆肉圓的，如果有機會再經過，都一定會下來再吃一碗呢！至於另一小部分的客人，就與筆者相同，因曾在附近住過但後來搬走了，也會定期回來光顧重溫美味肉圓香哩！。

肉圓攤位外觀

》》》》》》》》》》》》》 人氣項目？

黃老闆說大部份食量較大的客人，除了肉圓之外，通常都會再加上一份關東煮，裡面包括了甜不辣、豬血糕、油豆腐、和魚丸，其實應該還有白蘿蔔，不過老闆表示現在不是季節，價錢不好品質也差，所以最近比較不見蘿蔔的蹤影。另外黃老闆說他的甜不辣可是道地的基隆貨喔！是他貨比好多家之後，才找到的寶，試過之後還真是口感十足呢！

甜不辣材料價格參照如下：

項目	份量	價錢	備註
甜不辣	1斤	45元	由於是大量批發，所以較便宜（一般傳統市場均售）
豬血糕	1塊（約2斤半）	80元	一般傳統市場均售
油豆腐	1斤	20元	一般傳統市場均售
魚丸	1斤	70元	一般傳統市場均售

營業狀況？

經營了20幾年的手工肉圓，從開業至今，一直是黃老闆兩夫妻原班人馬辛苦耕耘著，還好現在孩子都大了，念技術學院的兒子偶爾也會幫忙，減輕他們的工作量。不過每天從準備材料到營業收攤，工作時間長達12個小時之久，黃老闆也曾想過請人幫忙，但現在生意因為不景氣而有下滑的趨勢，今年的生意就比去年少了1/3，以往每天可賣出1,200個肉圓，現在有時滲澹經營的只剩下80幾個。

所幸賣的項目多，可以吸引喜歡吃不同小吃的顧客，否則歹年冬全家大小可得縮衣節食了呢！

未來計畫？

黃老闆強調本人在現場管理是經營小吃攤與維持品質的不二法門，這同時也是20多年來從未曾請過人的主因，加上在經濟如此不景氣的情況下，還能維持這樣的業績，他們已經很滿意了；所以不僅以前沒想過，未來也應該不會有開分店的計畫與打算，至於累積了20多年的功力，有沒有想過開班授徒呢？黃太太表示一天工作14～15個小時，真的再沒有多餘的精力與時間了，所以如果看倌們想偷師的話，也只有多多上門幾趟自己摸索啦！

數字會說話？

項目	數字	說說話
開業年數	20年	如果再加上之前每天跑警察的時代，也有24、25年之久
開業資金	約2萬元	簡單的攤車、蒸籠和冰箱等冷藏設備
月租金	4萬多元	包括攤位與店面
人手數	2人	黃老闆伉儷
座位數	約20人	
平均每日來客數	250～300人	無法估計實際來客數，晴天生意好過下雨天，冬天生意又比夏天佳
平均每日營業額	約8,000～12,000元	視季節及來客數而定
平均每日進貨成本	約4,000元上下	約略推估
平均每日淨賺額	約5,000～7,000元	視季節及來客數而定
平均每月來客數	約7,500～10,000人	視季節而定
平均每月營業額	約280,000元	約略推估
平均每月進貨成本	約120,000元	約略推估
平均每月淨賺額	約140,000元	約略推估
營業時間	11:30AM～9:00PM	通常7點左右就開始收攤
每月營業天數	約28天	
公休日	大約每星期一次	沒有特定哪一天休

製作方法

肉圓材料：豬肉、筍丁、香菇、地瓜粉、沾醬

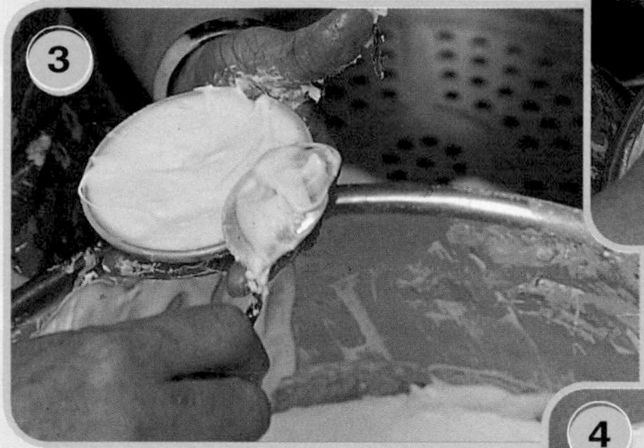

將粉漿均勻地抹在模型中

舀些粉漿繞著模型邊緣抹平

已抹好的肉圓皮底

將肉、筍、香菇用舀勺一丸丸整理好

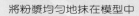

製作方法

置入肉圓皮底上

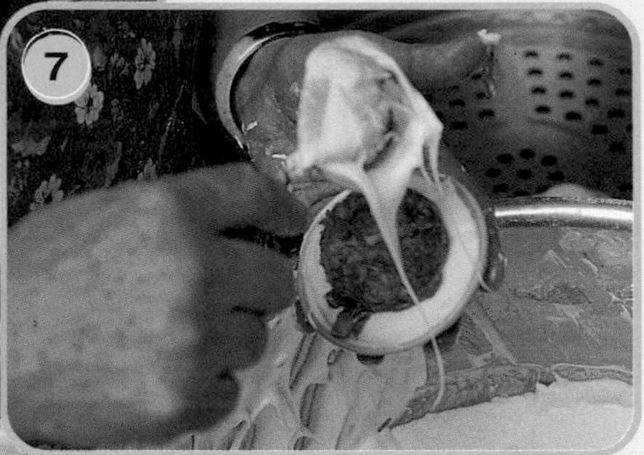
用湯匙將粉漿抹在肉圓餡上

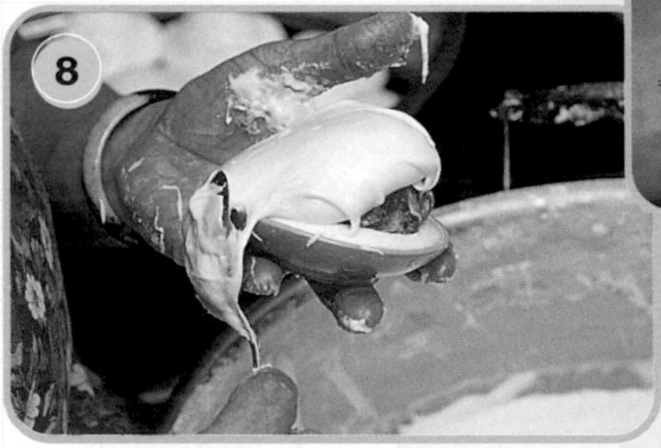
繞圓周均勻地抹平肉圓表面

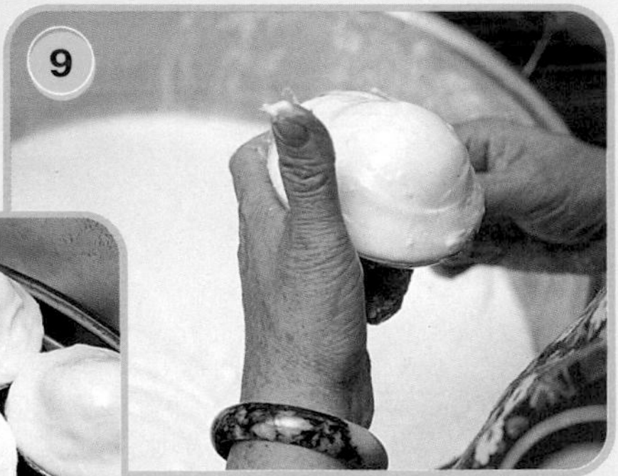
用手稍稍將多餘的漿去除

已抹好漿的肉圓

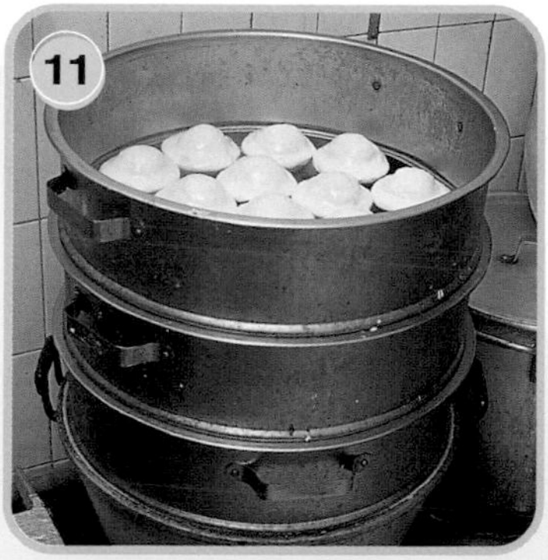

放入蒸籠中蒸約15分鐘

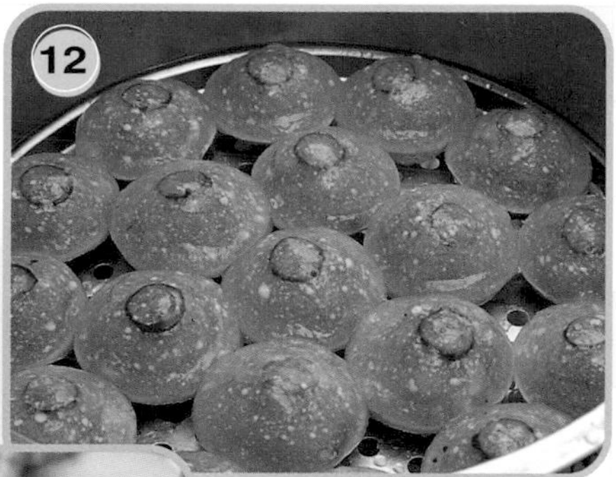

已蒸熟透並已蓋過章的肉圓

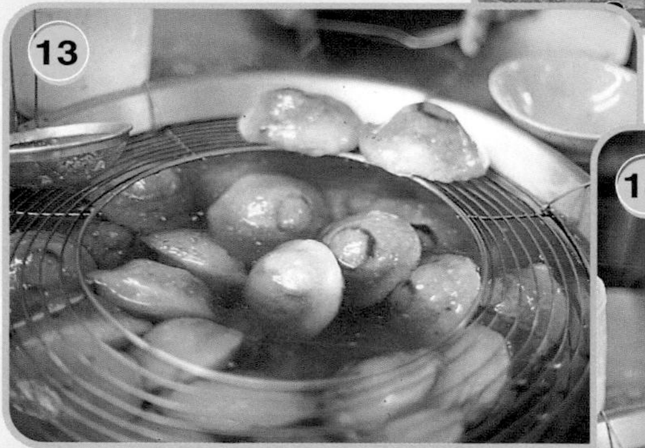

放入油鍋中泡炸

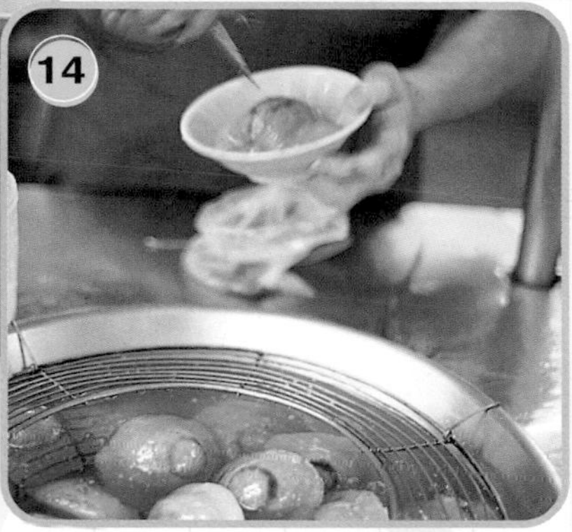

取出瀝過油的肉圓

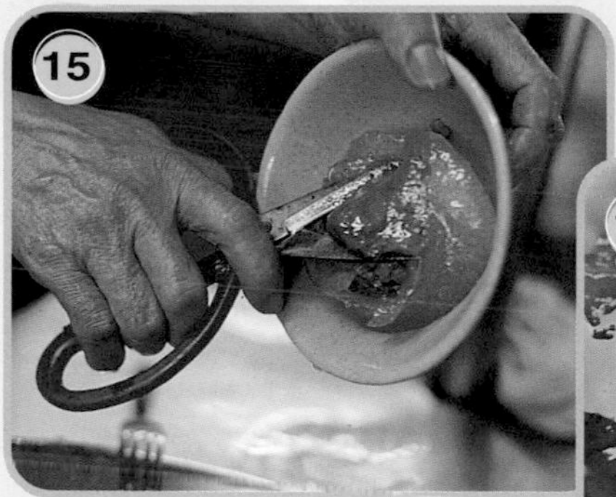

將肉圓剪開

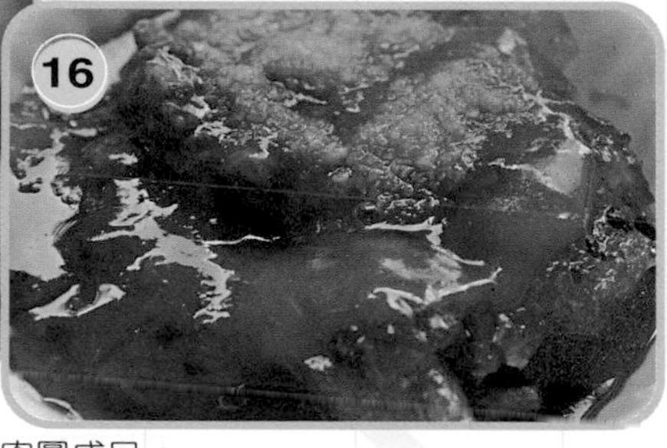

肉圓成品

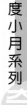

信心十足的黃老闆

老闆給菜鳥的話.........

黃老闆表示經營成功的小吃利潤可能會比一般上班族收入高一些，但每天早上7點鐘開始製作到收攤回家刷洗完畢，都已經是半夜12點以後了，一天工作將近14～15個小時，如果沒有良好的體力與耐力，一般人幾乎無法接受。至於製作的秘訣或小偏方呢？黃老闆則表示現在年輕人最大的缺點就是希望不勞而獲，其實只要有心，很難不成功。「就算到處碰壁也不要氣餒，人生就是這樣走出來的啦！」黃太太語重心長的表示。

美味DIY...........

材料

1. 在來米粉1杯　2. 太白粉半斤　3. 地瓜粉半斤
4. 豬肉（大腿肉）1斤　5. 罐頭鮮筍4兩　6. 紅蔥頭2兩

調味料

1. 五香粉半茶匙　2. 鹽半茶匙　3. 米酒半茶匙　4. 砂糖半茶匙
5. 香油少許　6. 醬油2大匙　7. 蒜頭適量

沾醬

1. 甜辣醬2～3大匙　2. 味噌1茶匙　3. 味精1/2茶匙
4. 鹽1/2茶匙　5. 糖4～5茶匙　6. 地瓜粉2～3兩（1斤水）

哪裡買？多少錢？

由於豬肉貨源是來自附近的零售商，為了保持肉質新鮮，黃老闆每星期平均都要進貨3～4次，每天差不多使用30斤的肉（黃老闆在這提醒大家最好使用大腿肉，因為瘦肉較多，口感較佳且價錢還較便宜呢！）為了不受季節影響品質，竹筍則是使用每年盛產時所製作的罐裝筍，不但新鮮且保留竹筍甘甜，可在各大型市場購得，不過為了方便起見，黃老闆則是定期向附近雜糧行大宗訂購。地瓜粉則是以20公斤一袋為單位，差不多400～450元之間，一般雜糧行都可購得。

至於調味料所使用的沙拉油、五香、醬油等雜項，則可依個人喜好在附近雜貨店叫貨。

項目	份量	價錢	備註
在來米粉（糯米粉）	20斤/1箱	500元	1小包1斤，1箱20包
太白粉	25公斤	580元	
地瓜粉	20公斤	450元	較細的上等地瓜粉
豬肉	1斤	70～80元	量大約50～60元
罐頭筍	1包(450g)	40元	罐頭批發價則較便宜（一般雜糧行）
蒜頭	1斤	42元	價格隨產地、季節波動
二級砂糖	50公斤/1包	950元	
鹽	1包	15元	
香油	1瓶	180元	
五香粉	1包	10元	
米酒	1瓶	21元	
甜辣醬	1罐/8斤	120元	
味噌	15斤	230元	
醬油	10斤	80元	
味精	12公斤	500元	
沙拉油	1桶/18公升	400元	

》》》》》》》》》》》》 製作步驟

1. 前製處理

肉圓外皮

(1)將1杯的在來米粉調成水，緩緩倒入正煮沸的一鍋水中（約5杯水量），邊倒邊攪拌成糊狀。

(2)此時將鍋離開火源，繼續攪拌至不燙手。

(3)加入半斤太白粉及半斤地瓜粉所調成的水，攪拌均勻調成粉漿。

肉餡

(1)將豬大腿肉切成小塊。

(2)筍絲從罐頭中取出洗淨，用開水汆燙去酸味，切成小丁。

(3)起油鍋將2兩的紅蔥頭爆香，炒至酥香時，將肉塊拌炒成金黃，倒入筍丁翻炒，加入半茶匙鹽、半茶匙五香粉、半茶匙米酒、半茶匙砂糖及2大匙醬油和少許香油調味拌勻備用。

肉圓

(1)先在製作肉圓的小碟模型上抹油。

(2)再將粉漿用小湯匙均勻地抹在小碟上鋪底。

(3)將炒好的肉餡置於小碟中，再於肉餡上抹上一層粉漿（皮的厚薄需適中，太厚皮會過硬，太薄皮則易破），使肉圓表面呈圓弧狀。

(4)將抹好的模型小碟放入已滾沸水的蒸籠中，蒸約15分鐘，即成Q透的肉圓。

沾醬

(1)將3大匙的甜辣醬（視口味亦可用蕃茄醬），1茶匙味噌、1/2茶匙鹽、4大茶匙砂糖用中小火拌炒至香。

(2)加入3兩地瓜粉（亦可用糯米粉）調 1 斤水的地瓜粉水，芶芡煮沸調成沾醬。

2. 後製處理

(1)將蒸好的肉圓放入油鍋中以中大火泡炸約3分鐘後取出瀝油。

(2)用剪刀將肉圓中間剪出十字口，露出肉餡。

(3)加入特製沾醬及適量的蒜蓉，即完成香Q的肉圓。

3. 獨家撇步

(1)若要肉圓的皮更香更Q，可費點心將在來米直接熬煮成米漿（需

費時3～4鐘頭），取代在來米粉和地瓜粉、太白粉所製成的肉圓皮。但此種皮較嫩Q，外皮容易破掉，取用時的力道需小心些。

(2)蒸熟的肉圓最好在冷油時就先下鍋，待油溫逐漸升高時，以勺子不斷換面翻動，讓肉圓平均受溫，如果覺得肉圓皮已逐漸變軟，即可起鍋瀝油（炸太久皮會變硬，影響口感）。

(3)本書所介紹的做法為彰化肉圓，若想製作好吃的新竹紅糟肉圓可將內餡的調理方式稍作改變。其方法如下：

將買回來的五花肉1斤去筋去皮，切成小塊，用100公克的紅糟及酒1大匙、鹽1/3小匙、砂糖1大匙、五香粉1/3小匙、香油1小匙調勻醃製20分鐘。加入筍丁及蔥花（視口味可加、可不加）拌勻即成新竹肉圓內餡。

你也可以加盟.........

老家在彰化的黃老闆，是個既勤奮又樂於助人的大好人，由於曾經受友人幫助教授製作肉圓的技巧，深知不景氣創業維艱，黃老闆願意免費傳授製作肉圓的功夫給有心創業的人。他謙虛地表示：「學這個沒有什麼技巧，只要有耐心學習，告訴你方法和步驟，1到2個小時就能學成。但『師父領進門，修行在個人』，依當地口味改良配方也是相當重要的」。

黃老闆夫妻倆並不打算開直營分店或加盟店，因為目前只有2個人手，如果放手讓其他人去做，品質和口味都會有差，甚至走了味，影響了創始店的聲譽。

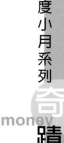

福州元祖胡椒餅

響噹噹老字號　硬朗朗黃嬤嬤
熱呼呼胡椒香　暖洋洋家鄉味
福州伯的最愛　你我的最愛

美味紅不讓　　特色紅不讓
人氣紅不讓　　地點紅不讓
服務紅不讓　　名氣紅不讓
便宜紅不讓　　衛生紅不讓

店齡：40年老味
老闆：黃嬤嬤
年齡：70多歲
創業資本：10萬元
每月營業額：約100萬元（約略推估）
每月淨賺額：約50萬元（約略推估）
產品利潤：3成（老闆保守說，據專家實際評估約5成）
地址：台北市和平西路3段109巷巷子口
營業時間：9:30AM～7:30PM
聯絡方式：（02）23083075

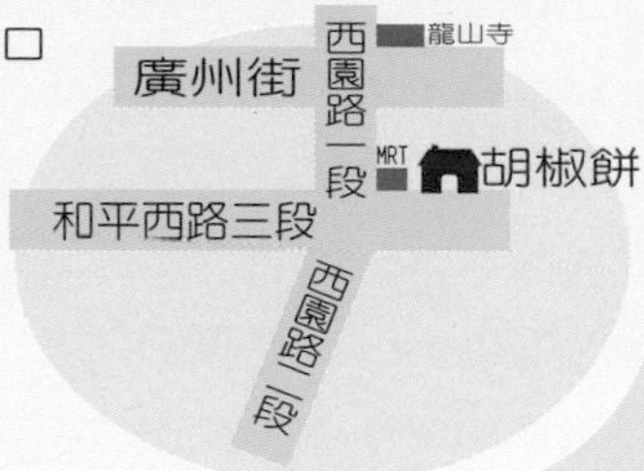

一股懷舊復古的莫名情愫，都是胡椒餅惹的禍.........

邊吃著香氣四處洋溢、口味既傳統且道地的胡椒餅，邊用我生疏許久的台語和黃嬤嬤聊著，我越發在心中盪漾著一股懷舊復古的莫名情愫，彷彿有種落葉歸根般的感想與情懷，覺得小小的一個胡椒餅，竟然蘊含著不可思議的力量，就像是乘著奇妙的時空機器，打破了我向來根深蒂固的地域觀念和文化差異，產生了『四海一家』的溫暖情感。

話說從前.........外燴大排檔練功夫，熱情揉進一個個胡椒餅裡

初看見黃嬤嬤蹒跚但卻硬朗的步伐，或許是古諺有云『人生七十才開始』的最佳寫照，黃嬤嬤目前是福州元祖胡椒餅的掌門老闆娘，生長在舊時代的台灣社會，在當時還依舊是『嫁雞隨雞，嫁狗隨狗』的三從四德觀念中，就一直跟著丈夫學習製作與經營胡椒餅的生意，超過40年的時間。據說在更早之前，黃嬤嬤的公公婆婆便是在中國福州一帶從事胡椒餅的營生事業，而黃嬤嬤的先生在創業之初，並未選擇繼承家業；當時黃嬤嬤與她的先生做的是外燴辦桌的生意，夫妻倆要應付各種大排場所需要的菜餚供應，十分耗費體力，一陣子之後，夫妻兩認真思考決定重回本業，沒想到卻因此將祖業發揚光大，四十年屹立不搖。

目前雖然仍由黃嬤嬤當家主事，不過她在幾年前，已逐漸將相關的獨門手藝傳給她唯一的兒子；現年約40多歲的黃先生，他和黃嬤嬤兩個人輪班，由黃嬤嬤負責準備營業所需要的材料與製作，下午時段則由兒子黃先生接手，母子相互合作無間，同時也達到讓黃先生熟悉胡椒餅的事業經營之實務工作。看著黃嬤嬤老當益壯的模樣，面對鏡頭絲毫沒有害羞生澀的表情，完全是一派的大器風範，而她的親切招呼，卻又讓人感覺十分溫暖，如同與自己祖父母聊天一般親切。也許黃嬤嬤就是將這股熱情全都揉進麵糰，溫暖的環抱一個個胡椒餅餡兒。咬一口，香味撲鼻，真是令人難忘的口味。

心路歷程..........堅持古法揉麵、祖傳道地風味、歡迎對手較勁

問起黃嬤嬤可曾有一刻覺得經營胡椒餅的生意異於常人的辛

苦，她卻只是用著雲淡風輕的口氣笑笑說著：「抹啦！」40年來，她早就已經習慣各種製作流程，從古早時代完全的人工作業方式，揉麵糰這般需要使上大力手勁的工作，她都可以自己來。現在有了機器取代一些簡單的製麵與絞肉工作，還有多餘的人手可以幫忙包餡、烘餅，科技取代人力，現在比起以前，輕鬆多了。

元祖胡椒餅原位於大馬路口的店面，由於時常大排長龍，為避免妨礙到鄰居店家的生意，阿嬤因此在5步路不到的同一條巷內，另外設了一個營業窗口，晴天時候就在巷內做生意。阿嬤對於自家的元祖福州胡椒餅相當老神在在，就算在萬華一帶也有打著類似招牌的競爭對手，一股勁兒的跟風，卻無法真正模仿出一模一樣的道地口味，加上老主顧的敏銳味覺，不誇張，吃一口便知內容大不同；阿嬤的胡椒餅聲名遠播，據說就連在福州當地賣胡椒餅的商人，也曾經暗地裡託親友帶回去一試胡椒餅的真假滋味。而阿嬤也大方的提供製作方式，不過她倒是一再強調她所選擇的材料都是最最上等，不論是麵粉、內餡所使用的黑豬肉、青蔥與調味料，都絕對講究新鮮與等級，這就難怪那帶著濃濃炭烤香氣的胡椒餅，能夠讓來自四方各地的過路客人有的聞香下馬，有的專程停留，只為一醒記憶中難得的古早味兒了。

開業齊步走..........

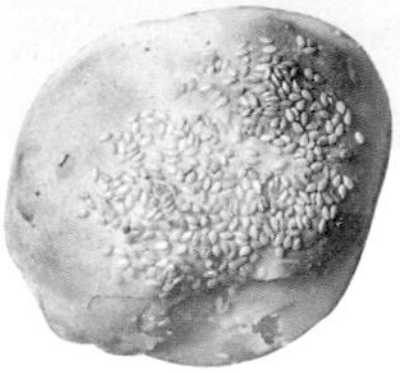

攤位如何命名？

據說黃家原本單單使用『元祖』為招牌名稱，則和同名的糀糬連鎖店產生撞名的諸多困擾，因此由黃嬤嬤的先生再刻意加上『福州』二字，一是藉以避免糾紛，一是藉以正本清源，如此看來若要追溯起來還是有其相當淵源的歷史意義呢！

地點選擇？

我想跟許多當初飄洋過海來台灣開創新生活的許多祖先一樣，黃嬤嬤一家人選擇了當時相當繁華的萬華落腳生根，在這裡開起了胡椒餅店，緊緊臨著的是早期相當有名氣的萬華戲院，因此也藉著源源不斷的人潮，打開了福州元祖胡椒餅的知名度。40年來黃嬤嬤堅守著這家唯一的店面，不論是現在或以後，都會一直守下去，只此一家，別無分店。

租金？

緊鄰著香火鼎盛的龍山寺，通路窄窄小小的西三水街市場，儼然是記憶中老舊的菜市場模樣。福州元祖胡椒餅狹小的攤位就在路口旁，每個月的租金大約1萬多元，僅僅2坪大的空間，放置了一個烤胡椒餅的桶子，和一個包餡的檯子，再擠上3、4個幫手，看似狹小但卻綽綽有餘。

硬體設備？

阿嬤製作胡椒餅的重要工具，是一個看起來十分古色古香的大水缸，據說阿嬤用這種水缸來烘烤胡椒餅，已經超過10年以上的時間，每隔幾年她總要親自到台中水里挑選一個新的水缸來替換。早期用的水缸約可烤80粒胡椒餅，現在用的水缸已找不到這麼大的，只能烤約60粒左右。不過阿嬤卻不太記得實際的價錢。其他像是用來攪拌麵粉和絞肉的機器，同樣缺一不可。

人手？

目前為了應付每天絡繹不絕的人潮，阿嬤同時也請了大約5、6個幫手來幫她經營外場生意，像是負責桿麵皮與包餡料的人手，大約有3、4位左右，黃嬤嬤的兒媳婦也不例外的在外場幫忙張羅大小事宜；而另外有一位專門負責烘烤胡椒餅，黃嬤嬤則視工作能力與工作量給予每月2萬到3萬不等的薪水。

客層調查？

或許因為歷史悠久，也或許因為地緣關係，大部分定時來購買胡椒餅的客人清一色都是老主顧；不過倒是不分年齡層，可以在這裡看見平實的家庭主婦，也有偶爾湊熱鬧嘗鮮的年輕顧客，但是更多似乎是居住在附近一帶的居民，趁著地利之便買上幾個，當然在假日時還會有許多外地客人特地北上品嚐；許多顧客一口氣5個、10個左右包回家是常有的事，受歡迎與肯定的程度無庸置疑。

人氣項目？

福州元祖胡椒餅有阿嬤自信滿滿的上等原料，經過絕對的精挑細選，不偷工、不減料，像是阿嬤只堅持用金蘭醬油來調味、內餡所使用的瘦肉與肥肉都是上選的黑豬肉，

福州元祖胡椒餅攤位外觀

就連青蔥也馬虎不得；至於胡椒餅的麵皮，還拌上一層黃澄欲滴的傳統豬油揉成油酥，同時兼顧香味和口感，所有的材料既新鮮且實在，讚得令人無可挑剔。

營業狀況？

由於胡椒餅屬於熱食產品，因此多少會受到天氣炎熱或是涼爽的影響，間而牽動生意的好壞與否。通常在夏日炎炎之際，平均每天賣出的數量大約在500～700個左右，不過一到冬天，吃上一個熱呼呼、酥脆脆的胡椒餅，頓時令人覺得暖和不少，因此冬天時的營業數量就激增到每天大約1,000個左右。由於黃嬤嬤所使用的材料均為頂級貨，即使上等青蔥現在1斤動輒漲到百元以上，黃嬤嬤仍堅持一定要給客人最好的，也相對使得利潤沒那麼高，每個單價40元的胡椒餅，實際可獲得的淨利大約3～4成左右，若是再扣掉租金和一些必要的人事成本，獲利著實有限。

未來計畫？

目前懂得祖傳調味配方的黃家人，只有黃嬤嬤本人和她的兒子，雖說市場上還是有人打著他們的名號來做生意，不過黃嬤嬤倒是十分堅持，不打算將這門技藝傳授給除了兒子以外的其他人；兒子黃先生在經過這幾年來的實作經驗中，其實也能漸漸獨當一面，頗有一肩撐起『福州元祖胡椒餅』響噹噹名號之架勢哩！

黃嬤嬤夾出親手製作的胡椒餅

數字會說話？

項目	數字	說說話
開業年數	40年	別具令人懷念的歷史意義
開業資金	約10萬元	這是由黃嬤嬤本人親自估計所需要的創業資金，包含簡單的攤車及冷藏設備，和地點所需的租金等
月租金	約10,000元	約2坪大，可放置簡單的工作檯與烤爐
人手數	4～5人	現場由3個人負責將揉好的麵皮輪流包入蔥花、瘦豬肉、肥豬肉等3種餡料，由另一人專門負責烘烤胡椒餅
座位數	無	一律外帶
平均每日來客數	約800個	約略推估，冬季會更好些
平均每日營業額	約32,000元	約略推估
平均每日進貨成本	約18,000元	若青蔥上漲時，成本會跟著大幅增加
平均每日淨賺額	約16,000元	約略推估
平均每月來客數	約25,000個	約略推估，冬季會更好些
平均每月營業額	約1,000,000元	約略推估
平均每月進貨成本	約360,000元	約略推估
平均每月淨賺額	約500,000元	約略推估
營業時間	9:30AM～7:00PM	晴天時會在內巷的店面營業
每月營業天數	約30天	
公休日	不一定	端午節、中元節、中秋節及農曆新年等重要節日必休

製作方法

胡椒餅材料：麵糰、油酥、蔥花、肉塊、絞肉

將麵糰捏成適當大小的份量

在小麵糰上壓上油酥

麵糰及油酥一字排開

將麵糰和油酥以手掌攤平來回2次

製作方法

在麵糰中先包入肉塊

再包入適量絞肉

接著包入青蔥

將包好的胡椒餅揉圓

沾上白芝麻增加香味

將烤爐的爐壁用工具清乾淨

依序在爐壁上貼上胡椒餅

爐口中透出香酥的胡椒餅

以長柄夾及網子夾出胡椒餅

胡椒餅成品

胡椒餅老闆娘黃嬷嬷

老闆給菜鳥的話………

黃嬷嬷對於福州元祖胡椒餅的口味十分驕傲，她認為很難有人能夠真正學得來；除此之外她還一再強調她所使用的原料，絕對是新鮮而且擁有絕佳的品質保證，其實這也是從事小吃業生意受到顧客青睞與肯定的不二法門，雖然以這樣的方式來做生意會使得材料成本相對增加不少，不過通常好的東西絕對會獲得迴響，源源不斷的人潮不就是令人眼見為憑的最好背書了嗎？

美味DIY………

材料

1. 中筋麵粉1斤（加6兩溫水，約可做20個左右）
2. 青蔥半斤
3. 黑豬肉絞肉（瘦肥摻半）半斤
4. 瘦豬肉半斤
5. 傳統豬油2大匙
6. 乾酵母1大匙

調味料

1. 胡椒粉2大匙
2. 五香粉1/4茶匙
3. 醬油1大匙
4. 鹽2茶匙
5. 味精1大匙
6. 糖1茶匙

哪裡買？多少錢？

黃嬷嬷一向都有固定配合送貨和選購材料的廠商，合作已有十多年的時間，一般人則可到大量批發的環南市場採購。

項目	份量	價錢	備註
中筋麵粉	1袋/22公斤	290元	
胡椒粉	1斤	200元	『特級』的喔
五香粉	1斤	160元	
金蘭醬油	1瓶	50元	
青蔥	1斤	40～80元	視季節及物價波動而定
肥豬肉	1斤	40元	黑豬肉
瘦豬肉	1斤	35～40元	
傳統豬油	1桶/30公斤	500元	
乾酵母菌	50克（包）	130元	1包/130元

製作步驟

1. 前製處理

麵糰

(1)在6兩溫水中加入1大匙的乾酵母粉調勻，使其溶化。

(2)於1斤的中筋麵粉中，加入已調妥的酵母粉水攪拌揉勻。

(3)再加入發好的老麵糰和新麵混合揉至光滑。

(4)靜置醒麵約40分鐘。

(5)待麵糰膨脹至原來的2倍大即成餅皮麵糰。

油酥

(1)在6兩的中筋麵粉中加入2大匙的豬油。

(2)將豬油和麵粉揉勻成團狀。

瘦豬肉餡

(1)將半斤的瘦豬肉切成小塊。

(2)於豬肉塊中加入2大匙胡椒粉、1/4茶匙五香粉、1/4茶匙肉桂粉、1大匙醬油、2茶匙鹽、1大匙味精、1茶匙糖攪拌調勻。

絞肉餡

(1)將半斤的豬絞肉摔打成較有彈性。

(2)於絞肉中加入2大茶匙胡椒粉、1/4茶匙五香粉、1大匙醬油、2茶匙鹽、1大匙味精、1茶匙糖攪拌均勻。

蔥花

(1)將蔥花挑選、洗淨。

(2)稍微瀝乾水份切成蔥花。

2. 後製處理

包

(1)將麵糰捏成一小團、一小團。

(2)於小麵糰上置一小坨油酥，來回桿2次，製成油酥小麵糰。

(3)壓平小麵糰，桿薄成麵皮。

(4)依序包入適量的肉塊餡、絞肉餡及蔥花。

(5)在包好的胡椒餅表面刷上果糖水

(6)沾上大量白芝麻。

烤

(1)將胡椒餅的烤爐刷乾淨，於爐底加入木炭加溫至300℃以上。

(2)用木炭的熱度將整個爐壁烤紅（溫度約達350℃）。

(3)由上而下依序在壁爐上貼上生胡椒餅。

(4)蓋上小鐵蓋燜烤約20分鐘即可完成。

3. 獨家撇步

(1)在麵皮裏加入油酥可使餅皮產生層次感，麵皮上刷上果糖水可使餅皮口感更酥。

(2)製作油酥餅皮時，不可將麵糰及油酥任意揉勻，而必須依步驟在麵糰上加入油酥後，用手將兩者推壓平，再將麵皮捲起，重複此動作2次，餅皮才會成酥脆狀；否則亂揉麵皮會使餅皮烤出時變硬，且無層次口感。

你也可以加盟.........

由黃爸爸一手創立的『元祖胡椒餅』，只傳給黃家的子女，絕不外傳。這是黃爸爸在世時就千叮嚀、萬囑咐給黃嬤嬤的家律。即使有相當多的人慕名登門求教，但黃嬤嬤謹守先生的遺言，只將這門『福州伯』的獨門絕活兒教給兒子、媳婦。黃嬤嬤說：「生意交給兒子以後，他要怎麼經營就看他自己了。」言下之意似乎說出了：在她還主導經營『元祖胡椒餅』的時候，做法及秘方絕不外傳，但若兒子經手後，就看兒子的意思了。

美味DIY小心得

賴記蚵仔煎

大衆小吃處處有　賴記蚵仔煎
蚵仔又肥又飽滿　蝦仁又大又鮮美
餅Q蛋香青菜多　讓你賴著不想走

美味紅不讓	特色紅不讓
人氣紅不讓	地點紅不讓
服務紅不讓	名氣紅不讓
便宜紅不讓	衛生紅不讓

店齡：30年老味
老闆：賴秉權先生
年齡：47歲
創業資本：10萬元
每月營業額：約112萬元（約略推估）
每月淨賺額：約56萬元（約略推估）
產品利潤：約2成（老闆保守說，據專家實際評估約5成）
地址：台北市民生西路198之22號
（寧夏路與民生西路口）
營業時間：3:00PM～2:00AM
聯絡方式：（02）25550381

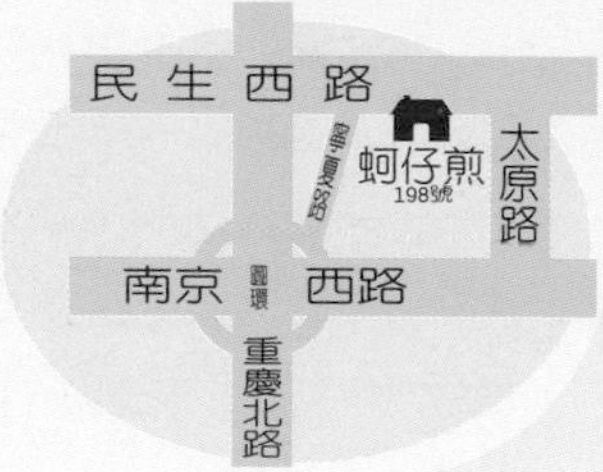

美食人人愛嚐，蚵仔煎巧妙各有不同.........

根據朋友阿傑的說法，蚵仔煎這種在各大夜市絕對佔有一席之地的小吃，很難去評斷真正誰優誰劣?! 雖然看似作法簡單，口味差異不大，但只要有心人經過明察秋毫的比較之後，原來還是有種『戲法人人會變，巧妙各有不同』的細微差別。而賴老闆阿莎力的爽朗態度，最令我印象深刻，個性親切又可愛的老闆和老闆娘，就連他們煎出來的蚵仔煎也特別地滑Q順口呢！

話說從前………老爸兄弟都賣蚵仔煎，傳承新意創蝦仁煎第一人！

賴先生一家人可說是蚵仔煎小吃世家、代代傳承。一開始是因為賴先生的二姊夫在經營小吃，於是賴先生的父親和哥哥就跟著二姐一家人試著學習蚵仔煎的手藝，就這樣父子幾人在以前的圓環市場裡做起了生意；賴先生生長在這樣的環境之下，從國中時期就開始在父親和哥哥的攤位幫忙，從洗碗、打掃等工作無所不做，理所當然的在當兵退伍之後，他就以此為終生事業了。當幾年前圓環拆除之後，賴先生和他的2個哥哥都開始在寧夏路夜市另起爐灶，三個兄弟各據一方，不過賣的都是蚵仔煎，由於彼此在口味上各有變化不同，因此也有各自擁護的顧客群，互不衝突。

民國六〇年代，台灣曾經爆發蚵仔受到污染的危機，為了避免蚵仔煎的生意受到太大的影響，賴先生當時靈機一動，用了蝦仁來代替蚵仔，成了台北市賣蝦仁煎的第一攤；不論是他的蚵仔煎或是蝦仁煎，肥大味美是賴先生和賴太太採購的不二法則，蝦仁絕對不含硼砂，蚵仔絕對不灌水。而賴先生的兒子對於這個行業也相當有興趣，因此正仿效當年老爸的學習模式，逐步學習如何成為一個專業的蚵仔煎師傅，順利的話，在他退伍之後就可以半繼承賴先生的事業了。

心路歷程………所有甘苦吞下去，真材實料好手藝，永遠免驚誰來比

賴記蚵仔煎在賴先生和賴太太的經營之下，除了講究口味，做的還是良心生意。賴先生的做事態度相當有分寸，當初他一頭踏進蚵仔煎的小吃經營之後，就不曾三心二意，也不好高騖遠。

他總是徹頭徹尾、紮紮實實的把功夫學好，所以客人的忠誠度也都很高，曾經有一陣子賴先生將攤子遷至別處做生意，即使沒有通知啓事，老顧客照樣鍥而不捨找到他們的攤位，不隨便換口味。

再則經營小吃必須忍受天氣變化，對於身體和收入所造成的影響，他也從不抱怨，因此他採用同樣的處事態度來教導兒子，既然兒子對於這個行業也有興趣，只要不怕吃苦，就可以做出一番成績；而賴太太則是負責材料的嚴格品管，除了他們所選用的食材是絕對經過挑選的上等貨外，賴太太在處理材料時亦相當細心負責，因此客人看到他們攤位前面所擺設的材料，無不具備新鮮味美的視覺效果，說到洗蚵仔的功夫費時費力，雖然賴太太有時都會邊做邊覺得辛苦，不過她也十分驕傲的拍拍胸脯，保證吃的品質。全台灣的蚵仔煎不下數百家，賴先生謙虛的說每家小吃攤的口味各有不同，各處試吃、相互比較一下是必然之事，不過看得出來他對於自己的手藝和材料有一定的自信，不但先酥後Q的口感如此與眾不同，就連搭配添加的美味醬料也是每天熬煮，保證新鮮，食客大可安心享用。

開業齊步走............

攤位如何命名？

寧夏路夜市這一帶，經營蚵仔煎的小吃攤不下數家，在口味和煎法上真可說是各各有研究，特色怎麼樣也比不完。感情彌堅的賴先生和賴太太親自設計招牌，不過簡單一個『賴』字標記，倒是讓顧客輕輕鬆鬆的認明招牌，再也不必眼花撩亂遍尋不著『那一攤』了！

地點選擇？

『生於斯長於斯』的賴先生，從早期的圓環到之前的寧夏路夜市，再搬到目前距離寧夏路不遠的民生西路上，終於有了個遮風擋雨的店面，人行道上可以多擺上幾張桌椅，生意不錯，再加上位於寧夏路和民生西路的十字路口，位置目標顯著且停車方便（不像寧夏路夜市裡往往人車爭道，有時寸步難行），客人吃了就走，也因此增加許多開車族的外客。

租金？

民生西路上是人來人往的市場集中地，因此附近的小吃攤不計其數，走一步就有好幾家性質不同的小吃攤在營業，解決民生問題可算是相當方便，在這一帶做生意，房租大概都在4萬元以上，若是坪數大的店面，則每個月要價10萬元的租金都不令人意外。

硬體設備？

保持材料的新鮮絕對不能省的冰箱，賴先生只是就近在電器行訂購一般的家用冰箱，也就綽綽有餘，不過這個冰箱他用了20多年，當初以3萬多元買下；至於攤車，賴先生就比較講究，使用較厚的白鐵，也可以用得比較久；而煎爐大約是在5年前花1萬元換過，由於器具所使用的特殊材質，可以維持一定的熱度，因此就算在瓦斯不夠的情況下，連續再煎個7、8盤都不是問題，目前這些器材都可以在環河南路一帶訂作取得。

人手？

除了賴先生掌廚蚵仔煎的部分，賴太太幫忙清洗和準備相關的材料，由於賴記也同時賣著豬肝湯和腰子湯之類的食物，就由另外一位師傅專門負責湯品的製作與熬煮，其每月薪水約35,000元，而賴先生的兒子則負責賣場的收拾打掃與清潔工作，每個月象徵性拿個幾千元充當打工工資。

客層調查？

賴先生和賴太太的顧客除了遠從中南部專程上來打包者外，其他都是從小吃到大的第二代，可見得『賴記』具有相當高度的口味凝聚力；而自從媒體報導披露之後，也有不少特地來此一嚐究竟的外地新客層：平時像是附近的上班族，或是經常逛迪化街的客人，還有停下來歇歇腳、填飽肚子的計程車司機等，都不在少數，算是相當受到男女老少的歡迎呢！

人氣項目？

到這裡別忘了來一碗補身的豬肝湯並搭配鮮美的蚵仔煎。與蚵仔煎一樣，一碗30塊的豬肝湯也是賴記小吃攤的招牌食物之一，賴太太對於他們的湯品可是相當有信心，賴記的湯品都會先放入老薑熬出鮮美的湯頭味道，因此口感絕對香醇。至於賴先生的蚵仔煎也是有所堅持，像是秋冬之

蚵仔煎店面外觀

際，只要茼蒿一上市，他就會將夏天用的白菜換掉，據說茼蒿搭配蚵仔煎的口感最讚。

營業狀況？

新鮮的材料是賴先生做出好吃蚵仔煎一個非常重要的關鍵，賴太太說，蚵仔都是嘉義縣東勢和布袋所進貨的高品質蚵仔，每天由專人送貨到府，保證肉質飽滿，而且他們的蚵仔煎可說是持續台灣習慣的古早味，無須太過花俏的重口味來誤導顧客的味覺，加上完全不使用任何香料和色素的醬料，每天視用量熬煮1～2鍋，用不完的話寧可倒掉，絕不會為了省一點小錢而壞了辛辛苦苦建立起來的名聲。秉持著：『自己不敢吃的東西絕對不會賣給客人』的原則，所有材料都屬上等品質，就連雞蛋也是經過不斷的試吃研究之後，才改用較大的土雞蛋，據說這種雞蛋吃起來也比較香Q可口，也因此他們的材料成本所費不貲，賴先生的蚵仔煎每盤50元，賣出後所獲得的淨利大約在10元上下。（賴先生保守說，經過專家評估約30元左右。）

未來計畫？

目前正跟著賴先生和賴太太學習做生意的兒子，十分腳踏實地的聽從父親的教導，也因為賴先生不打算將他的手藝傳給別人，因此等他的兒子當完兵退伍，有能力可以繼承老爸的事業時，賴先生就會將這家店交給兒子繼續數十年的永續經營權。

正忙碌中的賴老闆

數字會說話？

項目	數字	說說話
開業年數	30年	賴先生和蚵仔煎的淵源十分深
開業資金	約10萬元	含簡單的攤車設備與開店資金
月租金	約4萬元	公有市場的租金價
人手數	4人	除了賴先生一家3人，另外就是負責熬煮湯品的專門師傅
座位數	約30人	
平均每日來客數	約500盤	單蚵仔煎的部分，約略推估
平均每日營業額	約45,000元	含蝦仁煎、蚵仔湯、腰子湯、豬肝湯的營業額
平均每日進貨成本	約20,000元	含蝦仁煎、蚵仔湯、腰子湯、豬肝湯的成木
平均每日淨賺額	約22,500元	含其他營業項目
平均每月來客數	約13,000盤	單蚵仔煎的部分，約略推估
平均每月消費額	約1,250,000元	約略推估
平均每月進貨成本	約500,000元	約略推估
平均每月淨賺額	約560,000元	約略推估
營業時間	3:00PM～2:00AM	
每月營業天數	約25天	
公休日	星期一	

製作方法

蚵仔煎材料：蚵仔、雞蛋、韭菜、地瓜粉水漿、蝦仁、小白菜、沙拉油、調味料

將蚵仔下煎鍋

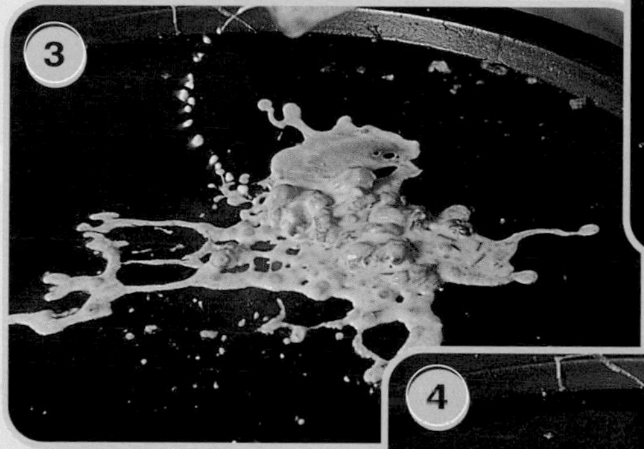

淋丨 韭菜地瓜粉水漿

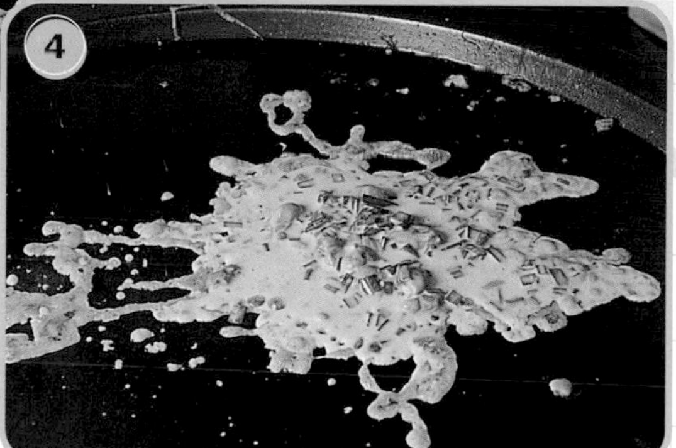

將漿均勻地分布在蚵仔上

Know-how

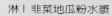

製作方法

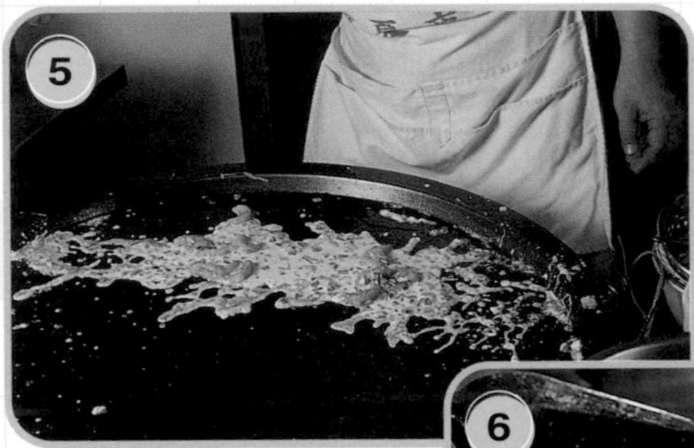
加入新鮮蝦仁

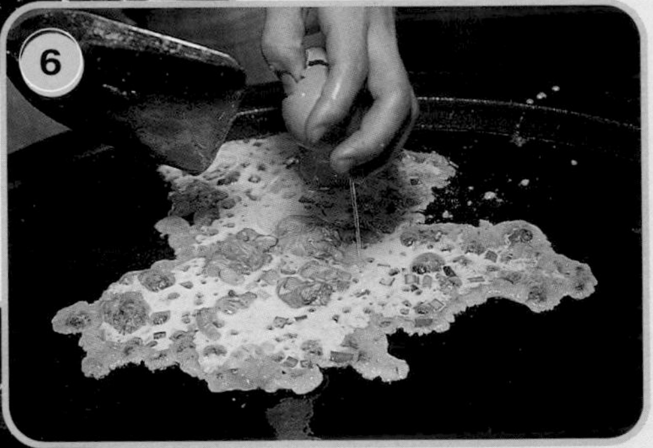
打一顆蛋於蚵仔煎上

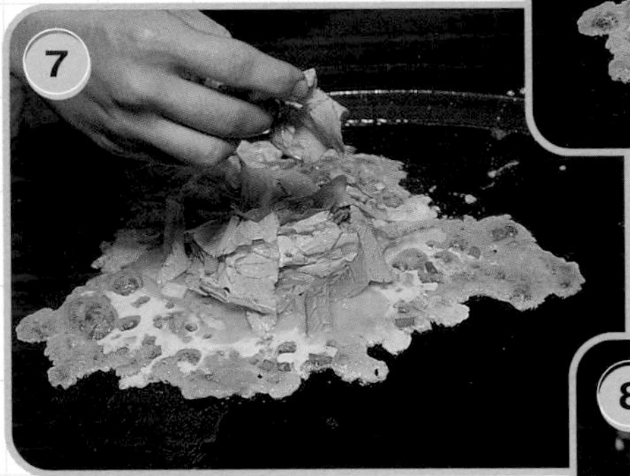
於蛋上加入小白菜

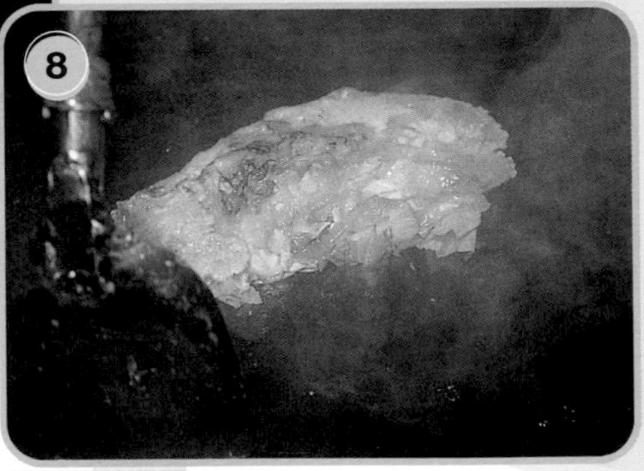
將蚵仔煎翻面

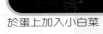

待兩面金黃盛起

淋上特製醬料

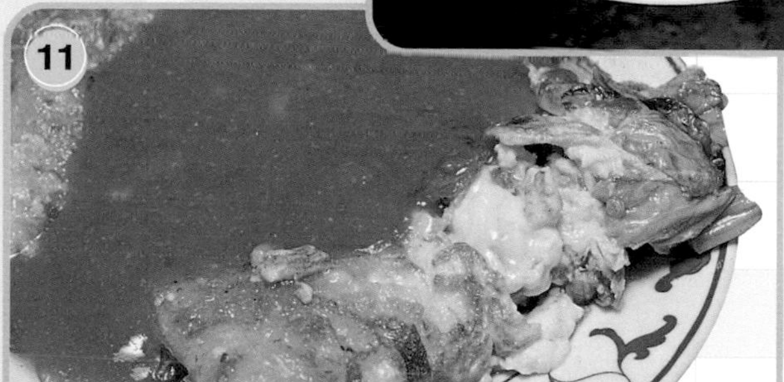

蚵仔煎成品

老闆給菜鳥的話..........

滿面笑容的賴老闆

由於賴先生用的材料實在，故所賣出的蚵仔煎其實都只是薄利多銷，因此他從寧夏路夜市的攤子搬到目前的店面來之後，也將營業時間多拉長了2個小時，多賣出幾盤就多賺幾分錢；不過賴先生認為不論是經營小吃或是平常的處事上，都應該抱持著「決定了就要努力盡善盡美、達成目標」的態度，只有認真，才有談論成功的條件，千萬不可抱著僥倖的心態，才能贏得顧客的胃和心。

美味DIY.........

材料

1. 蚵仔1斤
2. 小白菜1斤
3. 土雞蛋6個
4. 韭菜4兩
5. 蝦仁1斤
6. 上等地瓜粉半斤
7. 成順牌豬油適量

調味料

1. 海山海鮮醬半斤
2. 蕃茄醬4兩
3. 四川辣椒醬4兩
4. 味噌醬8兩
5. 糖4兩
6. 麻油2小匙
7. 胡椒粉2/3小匙
8. 鹽1小匙
9. 米酒2大匙
10. 味精1小匙

哪裡買？多少錢？

賴記所使用的材料都是已經配合了十幾年之久的中盤批發商，品質有絕對的保證，當然一般人也可以就近到大型批發的環南市場和太平市場等地方比較價錢。

項目	份量	價錢	備註
蚵仔	1斤	約120～130元	通常賴太太選蚵仔只看品質，不問價錢
小白菜	1斤	20～80元	夏天用配菜 價格視季節、產地波動
土雞蛋	1斤	約30元	
韭菜	1斤	約50～60元	
蝦仁	1斤	約200～300元	
上等地瓜粉	1包	1000元	
上等豬油	1桶/15公升	1400元	絕對現榨，並且當天下午送貨到府
海山海鮮醬	3公升	120元	
蕃茄醬	5公升	150元	
四川辣椒醬	3公升	120元	
味噌醬	15公斤	230元	
糖	1包/50公斤	950元	
麻油	1桶	200元	
胡椒粉	1斤	200元	特級純胡椒粉
鹽	1箱/24包	335元	
米酒	1瓶	21元	
味精	12公斤	500元	

製作步驟

1. 前製處理

小白菜

(1) 將小白菜挑選、洗淨。

(2) 稍微瀝乾水分、切段備用。

蚵仔、蝦仁

(1) 將蚵仔、蝦仁去沙、洗淨備用。

地瓜粉漿

(1) 準備1斤半的清水，加入地瓜粉半斤、麻油2小匙、胡椒粉2/3小匙、鹽1小匙、米酒2大匙攪拌均勻。

(2) 韭菜4兩洗淨切碎，加入已調好的地瓜粉水中，即成地瓜粉漿。

調味淋醬

(1) 將半斤海山海鮮醬、4兩蕃茄醬、8兩味噌醬、4兩糖放入鍋中拌炒均勻後，加入半斤已調勻的地瓜粉水勾芡至滾稠，即成醬料。

2. 後製處理

(1) 在平鍋中加入1大匙的豬油。

(2) 放入蚵仔、蝦仁稍微炒個10秒後，淋上適量的地瓜粉漿。

(3) 將地瓜粉漿煎成半熟凝固狀，再打上一個土雞蛋，將蛋黃戳破後，蓋上小白菜。

(4) 翻面，再加上一些豬油煎至兩面呈金黃色（約1～2分鐘），即可起鍋盛盤。

(5) 澆上特製淋醬及蒜泥醬油或辣椒醬（視個人口味而定）。

3. 獨家撇步

(1) 蚵仔煎若怕腥，可先用鹽洗掉黏膜，以清水沖洗乾淨，即可除去腥味。

(2) 冬季茼蒿盛產的季節，可將小白菜換成茼蒿菜，味道將會更道地，更美味。

(3) 用豬油煎蚵仔煎會使蚵仔煎表皮更香、更酥。

你也可以加盟………

生意愈來愈漸入佳境，幾乎和不景氣背道而馳的『賴記蚵仔煎』，僅此一家別無分號。賴老闆是否肯將撇步外傳給他人，他說：「以前也有人慕名而來，說是要在南部開店設攤子，結果居然到附近商圈也做起同樣生意和我相對打！也聽了很多同行這種例子，現在怕了。」

如果開分店呢？賴老闆表示：「現在人手不足，勢必要將店交給其他的師傅經營，口味和火候的控制不同，蚵仔煎難保品質良莠不齊，而打壞了本店的招牌。還是等兒子退伍後，再移交給他祖傳秘方好了！」

鴨霸王東山鴨頭

細緻烹調、慢滷入味，滿足您的味蕾
獨家配料、堅持醇味，抓緊你我的胃
鴨霸王東山鴨頭
深深『滷』獲你的心

美味紅不讓	特色紅不讓
人氣紅不讓	地點紅不讓
服務紅不讓	名氣紅不讓
便宜紅不讓	衛生紅不讓

店齡：八年美味
老闆：廖美女
年齡：50多歲
創業資本：約10萬元
每月營業額：約72萬元（約略推估）
每月淨賺額：約36萬元（約略推估）
產品利潤：約3成（老闆保守說，據專家實際評估5成）
地址：景美夜市景文街景美街交叉路口
營業時間：下午三點至晚間十二點
聯絡方式：(02)29303509
0933893933

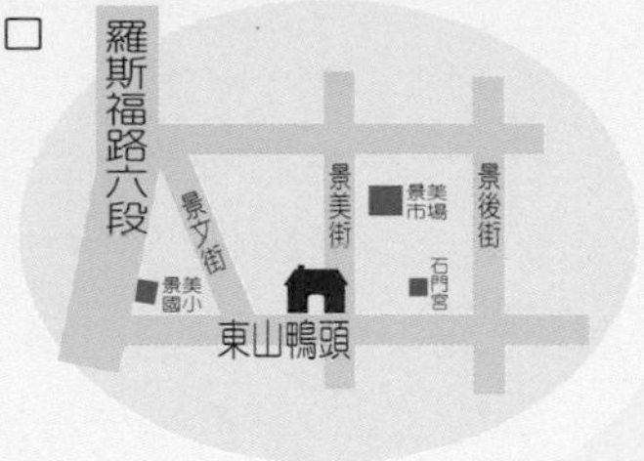

鴨霸王稱霸景美夜市的傳奇故事.........

傳承自台南東山鄉正統東山鴨頭的口味，老闆娘廖美女的攤位穩坐景美夜市八年多，其間也曾出現競爭對手，不過終究拼不過廖太太道地的口味，這間鴨霸王東山鴨頭店憑什麼在景美夜市稱霸？她有甚麼優勢？又有甚麼特色？且看我們娓娓道來……

話說從前………死皮賴臉求秘方，登門求藝得功夫

五十多歲的廖老闆娘，八年前從工作了25年的聯勤總部崗位退休後，開始思索如何開創自己的事業第二春。一直對做生意情有獨鍾的廖太太，當時腦袋裡轉著的就是做點小吃生意，剛好當時夫妻兩人一同到台南遊玩，經過東山鄉時，一長列排隊等著買東山鴨頭的人龍吸引了她的目光。在中南部已經是相當受歡迎的東山鴨頭，那時在台北卻還沒打響知名度，於是回台北後，廖太太便打電話給東山鴨頭創始店的老闆，希望能登門拜師學藝。

當然，對方馬上拒絕了，祖傳的秘方怎能隨便拱手讓人？但是廖太太不死心，前後花了一年多的時間與對方溝通交涉，終於，對方被廖太太的誠意打動，開出一個星期25萬的學費。於是廖太太進駐台南東山鴨頭創始店，當了一個星期的學徒，每天跟著忙進忙出，從準備材料、滷汁的調配、油炸、以及招呼客人等，每一個步驟都得親自參與。一個星期期限到了，廖太太把每一個環節都牢牢記住，這才開起了自己的攤子。鴨霸王東山鴨頭的口味可說是來自台南東山鴨頭的正統源頭，握有創始店祖傳秘方的背書喔！

心路歷程……….問我如何撐下去？『愛賺錢』就能一直做下去

學到了功夫只不過算是剛起頭而已，接下來才是真正的考驗。小吃生意很難一炮而紅，只能穩紮穩打，建立顧客群的口碑與信心。廖太太說，她也是撐了一年左右才開始回本，之前只能慢慢培養客層，一邊摸索客人喜好，一邊慢慢調整口味，加以變化改進。她說，南部口味比較甜、比較重，但是北部則偏愛清淡，南北口味的差異，即使是創始店也教不來，只能注意聆聽顧客的批評指教，並檢討銷路好的品項與不理想的品項之間的差別是甚麼？此外，台南的東山鴨頭採用生蛋鴨，體型比較小；她則是引進體型較大的高雄土番鴨，這一大一小的不同，滷製的時間就有差別了，而這些都要靠經驗累積才能慢慢抓得準。

廖太太說，做小吃這行，工作時數拉得很長，付出的心力也大，沒有假日可言，常常捨不得休息，總是能賺一天就多做一天。路邊攤的確是比當上班族待遇好多了，年收入是上班族的一倍以上，可是工作時間也多了一倍。「要對小吃很有興趣，對賺錢也很熱衷才行，興趣是最主要的，不然很難撐下去。」廖太太說。

開業齊步走………

攤位如何命名？

首次出擊，廖太太當然希望能夠取個十分響亮的名號，藉此吸引客人的注意，使得生意興隆，起初廖太太參考『海霸王』之類的店名，將自己的攤子直接命名為『霸王東山鴨頭』，雖然霸氣十足，不過卻好像缺少正本清源的效益，因此在當中又經過幾次的腦力激盪，才以目前的『鴨霸王東山鴨頭』獨佔景美夜市一角。

地點選擇？

地點好壞攸關成敗，廖太太一開始就把目標鎖定在熱鬧的夜市，先到台北縣市每一個夜市勘查，調查人潮量、租金條件，並留意附近有沒有競爭對手。後來她看中了景美夜市，人潮夠多，附近又有學區，最重要的是沒有同類型的競爭對手。

租金？

這八年間，騎樓每月租金從一萬五調到兩萬五，三個月前騎樓拆除，廖太太只好把攤子移到對面去，「客人只認地方，好多人都跟我說老闆娘妳怎麼沒出來擺？明明我就在對面，他只要轉個頭就看到了！」所以小吃攤位一旦就定位打響了名聲，就盡量不要輕易更動，免得客人找不到，不過也正因為這個弱點，所以有時候租金無理的調漲，店家也莫可奈何，只能乖乖續租。

硬體設備？

廖太太的推車是在台北環河南路一帶特別訂做的，連同油鍋等擺攤的設備，當時成本一共花了五萬元左右，乍聽之下非常划算，但是其他看不到的設備，花得可就不少了。廖太太為了滷鴨頭，特別租下一間店面來擺大型的冷凍設備，以及四個滷鍋，投資下去的金額相當可觀。所以一般生手想創業，如果資金不夠，還是以加盟方式為佳，一律由公司提供滷製過的食材，生手只需學習油炸的手續，比較方便省事（註：請參考加盟方式）。

人手？

目前的人手有兩名，一個是廖太太自己，負責切料與收錢，另一個則是小叔的太太，負責油炸的部分。

客層調查？

平日以學生、上班族居多，假日從事看電影與唱歌等娛樂活動的人潮也不少。每個人平均的消費額大約在100到300元之間，若是為唱歌佐餐或喝酒下菜之饕客則消費額度更為提高，有時多達千元左右。

人氣項目？

東山鴨頭攤位外觀

豆干、米血、大腸、鴨頭、翅膀等都是鴨霸王的人氣商品，大腸與豆干尤其受歡迎。鴨頭平均一天可賣出四十隻，假日差不多七十隻左右，有時天氣涼爽，出來逛街的人多，當天的營業額就變得很好，說不太準。最近美食節目、雜誌盛行，透過媒體曝光，對銷售量有很顯著的提昇作用；廖太太說，美食任務訪問她的節目單元播出後，隔天就賣出將近一百隻鴨頭，也有熱心的同學，在網站上大力推崇她的鴨頭美味，這些都是努力經營後來自顧客的回饋，同時也是最好的廣告效果。

營業狀況？

廖太太說，這行生意並沒有什麼淡旺季的分別，只有假日與非假日之差異，緊鄰的漢神百貨帶來看電影的人潮、附近兩家

KTV也招來唱歌的人群，這些都是假日時額外的收穫；至於平日主要的收入來源，有八成還是靠老主顧的支持。因此她的收入並沒有暴起暴落的現象。

營業八年間，狀況一直很好，今年這一波不景氣算是歷年來最明顯的一次，失業人口一多，逛街的人就少了。廖太太說她今年的營業額就掉了一成。而今年明顯的不景氣，也讓廖太太感受到威力，不僅她的銷售額掉了一成，她也看到對面攤位在短短三個月裡即三度重新開幕，卻又在不到三個月內就通通關門大吉的唏噓結局。「剛開始一定比較辛苦，不能因為生意不好，兩三個月熬不下去就消失了，這樣是不行的。」

未來計劃？

雖大環境如此不景氣，但對於未來，廖太太仍然相當樂觀，「台灣人很有活力的！只要半夜有甚麼賺錢的機會，就有一堆人不睡覺起來工作，有這樣的韌性應該很快就可以再爬起來。」她計畫找幾個熱鬧的點開設直營分店，請人來看攤位，食材統一由她提供，以確保口味不變，目前廖太太已經在景美夜市附近的公有市場找到一個據點，待人手找齊後就會開張。

老闆廖美女

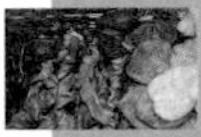

數字會說話？

項目	數字	說說話
開業年數	8年	
開業資金	約10萬元	簡單的硬體設備，材料費用得視個人需要及品質另外計價
月租金	25,000元	
人手數	2人	分為煎炸和包裝2個簡單部分
座位數	無	均以外帶形式販賣
平均每日來客數	約120人	約略推估
平均每日營業額	約24,000元	平均一人消費約200元
平均每日進貨成本	約7,000元	約略推估
平均每日淨賺額	約12,000元	扣掉材料成本及人事費用
平均每月來客數	約3,600人	約略推估
平均每月營業額	約720,000元	約略推估
平均每月進貨成本	約210,000元	約略推估
平均每月淨賺額	約360,000元	約略推估
營業時間	3:00PM～12:00AM	
每月營業天數	約30天	
公休日	無	除非有私事需要處理才休息，就怕客人來撲了個空

製作方法

將鴨頭、鴨肉汆燙、脫毛、洗淨

瀝乾水份備用

準備數鍋盛有糖、鹽、味精、醬油、八角、中藥粉的滷汁

製作方法

滷汁材料備用

將滷包準備下鍋增加香味

所有材料及滷包在滷汁滾時下鍋

放進鴨頭及鴨脖子進滷鍋中

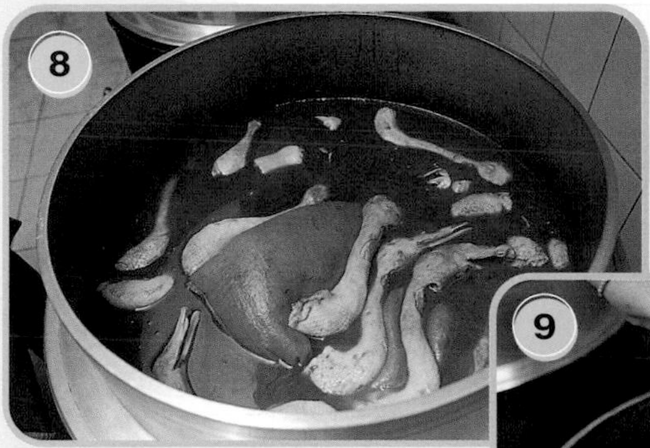

鴨頭約需滷1小時以上才能入味

其他材料需分次
滷數分鐘到1小時
方能入味

已滷製完成的鴨頭滷味

下鍋油炸過的東山鴨頭成品

老闆給菜鳥的話………

對於想加入的新手，廖太太的建議是，不要只想著賺大錢，也不要三心二意。她以隔壁攤位為例，每兩三個月就轉行，從沙威瑪、滷味、現榨果汁等等，換過好幾種，可是也甚麼都做不起來，是很傷本錢的作法。「最好是先從別人那裡多方汲取經驗後再獨立作業，千萬不要一下子就把所有的本錢都砸進去，對口味有了自信再出來賣也不嫌遲。」廖太太鼓勵新手：「即使景氣不好，只要東西好吃、地點又好、價格合理，這樣就成功一大半了。」

聚精會神的廖老闆

美味DIY………

材料

鴨頭、鴨脖子、鴨舌頭、豬血糕、鴨翅膀、滷蛋、大腸、豆干、海帶、甜不辣、沙拉油等材料。

調味料

1. 滷汁：4兩糖加8斤水、味精1大匙、醬油3又1/2杯、八角一袋、中藥粉。
2. 中藥粉秘方：陳皮、小茴、丁香、乾松、白豆蔻、三柰、草果、花椒、白芷、桂皮、胡椒、枳殼。
3. 炸料：白胡椒粉適量、辣椒粉適量。

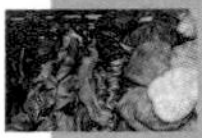

哪裡買？多少錢？

一般的食材盡數可以在台北的環南市場購買，由於採大型批發制，因此每個攤位所販賣的價錢其實不相上下，同時還有專人可以送貨到府，十分方便；調味用的胡椒粉和辣椒粉，在迪化街就可以買到一大包，比較便宜。而廖太太所精選的調味粉，完全是由印尼進口的純質粉末，其實在台灣的各大中藥行也調配得到，不過在品質上得要慎選。

項目	份量	價錢	備註
鴨頭	1支	15元	批價（1箱50支）
鴨舌頭	1支	6元	批價（1箱1000支）
鴨翅膀	1斤	25元	1箱約1公斤
雞蛋	1斤	15元	
豆干	1斤	15元	
豬腸	1斤	90元	
豬血糕	1塊	35元	〈約可切成10片左右〉
海帶	1斤	30元	普級的價錢
甜不辣	1斤	45元	此為基隆產的
糖	1袋/50公斤	950元	
味精	1箱/12包	450元	
醬油	4公斤	140元	
八角	1斤/包	200元	
沙拉油	1桶/18公斤	400元	
白胡椒粉	1斤	200元	
辣椒粉	1斤	120元	

製作步驟

1. 前製處理

(1)將冷凍過的鴨頭、鴨脖子解凍用熱水燙過脫毛。

(2)將毛拔乾淨後，放入特製的滷汁中滷上1個半小時，如此一來，連鴨嘴都能入味。

(3)依序再將大腸、鴨舌頭、豆干、甜不辣、鴨血、滷蛋、海帶…等滷味先後入鍋滷製。其中海帶怕爛，滷的時間最短，滾個2分鐘就要撈起打結；而蛋則要滷3次，每次滷1個小時才能入味。

2. 後製處理

(1)將滷好的滷味放進油溫約160～180℃的油鍋中炸，當滷味表面呈酥香狀時，即可撈起瀝油。

(2)將炸好的食材分別切塊，灑上胡椒粉、辣椒粉即完成好吃的東山鴨頭。

3. 獨家撇步

(1)滷汁是東山鴨頭的命脈，因此滷汁調味料的比例決定整鍋的口味，專家祖傳獨家的黃金比例如下：糖：水：醬油＝1：32：1；而八角和中藥粉的比例為15：1。

(2)已處理過的鴨頭若不立刻滷製，最好先放進冷凍庫冷凍，可免去腥味並能保鮮。

(3)滷製東山鴨頭的火候及時間是食材能否入味的重要關鍵，鴨頭、鴨脖子滷1個半小時；大腸、鴨舌頭約滷1小時；豆干滷50分鐘；鴨血、甜不辣滷30分鐘左右；海帶滷2到3分鐘，而最費工的滷蛋則分3次下鍋，每次滷1個小時。

你也可以加盟.........

生意好到人手嚴重不足的廖老闆，並無太多時間去考慮規劃加盟店或傳授技術的問題。近期她和先生正積極尋找適合的地點，繼續擴展鴨霸王的事業。她們目前以自己設攤請人看顧的方式，一步一腳印的穩紮穩打。

廖老闆表示：「做路邊攤除了東西要好吃之外，營業地點如果不好，即使讓你學會了製作東山鴨頭的技術，也撐不了多久，草草收攤回家吃自己是早晚的事！因此我們才會堅持以自己找地點，請人來顧攤的方式，經營事業。」

有心想向廖老闆學習東山鴨頭的朋友，可向她進一步詢問是否仍缺人手。廖老闆偷偷透露：「先成為我的員工，彼此交心之後，一切好談。」

美味DIY小心得

溫州街蘿蔔絲餅

一絲絲刨得白燦雪亮的蘿蔔絲
包進一團團揉得飽滿光滑的麵糰
林家的爸爸、媽媽、女兒、女婿
全家總動員來賣餅

美味紅不讓	♛♛♛♛♛	特色紅不讓	♛♛♛♛♛
人氣紅不讓	♛♛♛♛♛	地點紅不讓	♛♛♛♛
服務紅不讓	♛♛♛♛♛	名氣紅不讓	♛♛♛♛♛
便宜紅不讓	♛♛♛♛	衛生紅不讓	♛♛♛♛♛

店齡：28年老味
老闆：林先生
年齡：約50歲
創業資本：10萬元
每月營業額：約50萬元（約略推估）
每月淨賺額：約25～30萬元（約略推估）
產品利潤：2.5成（老闆保守說，據專家實際評估約5成）
地址：台北市和平東路與溫州街口
營業時間：7:00AM～8:00PM
聯絡方式：（02）23695649

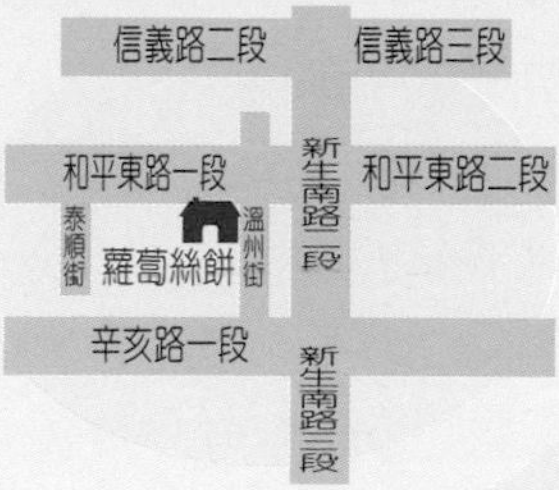

用蘿蔔絲餅和家人相處，與客人結緣.........

年輕時誤打誤撞開始經營起小吃生意的林先生，可說是無師半自通的摸索製作訣竅，腳踏實地花了20多年的時間才有了現在的名氣，賣著口味簡單的蘿蔔絲餅和蔥油餅，儘管有時需要花上幾分鐘的等待，客人卻總是不以為意，就連已經過了晚餐時刻，都還是有顧客專程來購買招牌的蘿蔔絲餅，不過直稱小本經營的林先生一家人所看中的，卻是擁有比金錢還要重要的和樂親情。

話說從前………幼時愛玩黏土，裁縫師想圓夢，創業來捏麵糰

本籍台灣省彰化縣的林先生，年輕時候即離鄉背井上台北打拼事業，起初他只是從女裝學徒開始做起，當時少不更事的他只想學得一技之長為將來打算，從來也沒有想過有朝一日能夠自行創業。因緣際會之下，當他看到一位固定向他們訂製衣服的老先生從事蘿蔔絲餅的小吃買賣，再加上他從小就喜歡玩捏製黏土之類的遊戲，也因此激發了他改行做小吃生意的動機。林先生花了一整天的時間在老先生的攤子一邊學習作法，便半帶冒險性質的找了一個地點開始擺起小吃攤來；創業維艱，因此林先生一開始都是自己騎著腳踏車，到當時的中央市場採購所需要的白蘿蔔，此間歷經口味的不斷改進，花了約3年多的時間才讓生意大致穩定下來。

在20幾年漫長的歲月裡，剛開始並沒有固定的營業地點，只是流動性的在路邊作著生意，時時得閃躲警察的罰單攻勢，相當辛苦；一直到後來在台大宿舍附近擁有固定賣場後，經由忠實顧客的口碑相傳以及媒體的報導，生意才漸趨穩定，在尚無目前經營的店面時，只要警察一來，林先生和林太太便得急忙推著攤子往巷子裡避風頭，沒想到客人卻往往不死心一路跟著他們的攤子一起「撤退」，非得買到好吃的蘿蔔絲餅一償宿願不可，由此可見得林先生的蘿蔔絲餅人氣有多旺！

心路歷程……貼補家用賣蘿蔔，再造蘿蔔絲第二春…

全憑著一股『初生之犢不畏虎』的勇氣，林先生誤打誤撞，一頭栽進蘿蔔絲餅的小吃生意圈，起初的3年裡，生意並不算好，由於並未正式的拜師學藝，林先生一開始在口味和口感的拿

捏上，根本說不出個準：除了逐步摸索外，林先生為了多掙得一些收入，還每天騎著腳踏車到中央市場採購大量的白蘿蔔，加減賣給附近的居民。

有道是『時間換取經驗』，就在林先生度過了最艱困的時期，逐漸透過固定顧客群口耳相傳的結果，其小吃招牌的名聲也因此漸漸打開。就在電台現場call in風氣盛行之時，首次透過媒體曝光的宣傳效果，也間接讓蘿蔔絲餅的生意更加興隆，往往遠道而來的顧客絡繹不絕，也因此讓林先生打消了一度想要放棄小吃生意，重回服裝裁縫老本行的消極念頭。

其實林先生一直強調蘿蔔絲餅的製作方式並沒有什麼太神秘的訣竅，只因他所使用的白蘿蔔都是最上等的新鮮貨，再加上自己研發麵皮有成，故而口感不油不膩。林先生和林太太當初擺起路邊攤時，相當辛苦，除了得忍受風吹雨淋種種不可抗拒的自然因素外，還得眼明手快以避開警察的罰單取締，這一路風霜，最後他們還是咬著牙撐過來了，一切只希望2個小孩能夠平安長大成人，現在生意雖說穩定，但畢竟是他們一家人賴以維生最重要的經濟來源。

開業齊步走.........

攤位如何命名？

從早期的路邊攤，到現在有個2坪不到的店面可以營業，林先生靠著實在的手藝來經營小吃生意，從來也沒有想過要取個特別響亮的名稱，不過他們的忠實顧客逢人介紹時，都會十分自然的稱呼：『溫州街的蘿蔔絲餅』，這倒順理成章成了此區獨一無二的代表性店家。

地點選擇？

當初林先生和林太太選擇在這一帶長期經營小吃生意，是因為和平東路和溫州街一帶蓋了許多台大宿舍，出入頻繁的街坊鄰居大都屬於身家清白、工作單純的公務人員，基於安全性各方面的考量後才決定在此落地生根。待其名聲遠播後，遠至桃園、天母一帶都有其忠實顧客的芳蹤，大量訂購的情形更時常可見。

租金？

林先生經營蘿蔔絲餅的小吃生意二十幾年來，長期苦於找不到便宜合理的店面，所以一直在路邊騎樓營業，當他在溫州街路口的騎樓處營業了一段時間之後，正巧當時緊鄰的店面準備重新出租，略有交情的好心房東，於是隔了一間小坪數的店面讓他們營業，每個月租金約1萬多元，有了新據點，跑警察的壓力頓時減輕許多，連帶使得他們做起生意來更為得心應手。

硬體設備？

簡單的攤車，用來放置一個煎鍋和桿麵皮，算是空間正好，林先生8年前在萬華環河南路一帶訂購，當時大約花了1萬元左右；至於煎鍋，他們用的鐵鍋，除了避免一般白鐵材質的鍋子不夠耐摔的缺點，還能夠保持溫度的平穩性，因此能確保麵皮下鍋油炸之後的酥脆口感，這只鍋他們用了將近15年之久，當時花了大約7000～8000元購買。

人手？

儘管現在每天排隊欲購買蘿蔔絲餅的人潮不斷，林先生至今依然謙虛的認為自己經營的只是小本生意，因此他的幫手就只有林太太以及他的女兒、女婿輪流照顧生意，在最忙碌的下午時段，常常可以見到這樣的情景：林先生負責包餡和桿麵皮，林太太負責煎炸的步驟，而他們的女兒則負責記數和收錢，女婿負責包裝，分工合作，默契十足，一家人相互扶持之深厚親情此時溢於言表。

客層調查？

根據林先生的瞭解，廣佈於大台北的大小區域間都有他的客層來源蹤跡；此外，更常常有外地客長途跋涉而來，一口氣買上幾十個回去慢慢品嚐享用，這已是司空見慣之事，因此林先生的攤子雖然從大清早就開始營業，卻在下午時段日日可見大排長龍的熱鬧景象。蘿蔔絲餅的煎炸步驟，需要約5分鐘的時間才能完全煎透，好在顧客們都願意花上耐心與時間等候，據說就連遠至榮總醫院的醫生們也常常跟他們大量訂購呢！

人氣項目？

蘿蔔絲餅攤位外觀

林先生的小吃攤總共只賣3種口味的食物，蘿蔔絲餅、蔥油餅和綠豆沙內餡的甜食。來到這裡購買的顧客都知道蘿蔔絲餅是這裡的主要招牌，因此絕不漏買這一味兒，有時候儘管撲了個空，吃不到早已賣光光的蘿蔔絲餅，他們也會買上幾張蔥油餅，口味橫豎一樣讚；而包著綠豆餡的甜餅，是林先生別出心裁的創新口味，刻意和市面上所販賣的紅豆沙餡餅有所區別，不啻為他的得意之作喔！

營業狀況？

白蘿蔔的品質是決定蘿蔔絲餅成敗的重要關鍵之一，在此林先生提供一個大家選購時辨別好壞的小秘方：敲敲蘿蔔聽它所發出來的聲音，如果是空心蘿蔔的話，是絕對刨不出什麼絲來的。隨著季節的交替變化，林先生所選用之白蘿蔔的來源產地也有不同之差異，像是夏天就得使用高海拔如梨山一帶所生產的白蘿蔔，到了冬天只要選擇平地一帶生產的白蘿蔔即可；要訣即在於天氣夠冷，蘿蔔的果肉才夠軟。

其他像是宜蘭的青蔥和高單價的豬油，也都是林先生不惜成本，才能維持蘿蔔絲餅『皮薄、餡多、湯多』的絕佳口感，林先生和林太太都表示夏天因為白蘿蔔的產地都在高山地區，因此進貨成本相對提高，顧客此時可以買到料好實在，一個只賣20元低單價的蘿蔔絲餅真可說是卯死了（賺到了的台語發音），只因夫婦倆為了堅持只用高品質白蘿蔔作為其製餅之原料，寧願整個夏天都做賠本生意，得要等到冬天時用平地生產的蘿蔔，才可以賺錢。

至於從事這行小吃可獲得的實際淨利，林先生不方便透露，不過從每天大排長龍的盛況看來，數字一定相當可觀。

未來計畫？

雖然林先生和林太太的一雙兒女都已經長大成人，也逐漸有了各自的安定生活，不過林先生夫妻還是一本初衷、兢兢業業的經營，能夠多賺點生活費用也著實較為安心。不過在有了女婿的幫忙後，他們也逐漸將這門手藝傳授給他，將來讓小倆口繼續經營，再加上持續增加的舊雨新知，最起碼還能夠維持一貫的生活水準吧！

數字會說話？

項目	數字	說說話
開業年數	28年	由路邊攤辛苦的白手起家
開業資金	10萬元	含大概的設備、租金、押金
月租金	約1萬多元	緊鄰馬路，大約2坪的小店面僅能容納一個洗手台和2個工作人員活動
人手數	4人	林先生、林太太、女兒和女婿輪班幫忙
座位數	無	均以外帶形式販售
平均每日來客數	200	冬季人數會增加
平均每日營業額	約20,000元	約略推估
平均每日進貨成本	約8,000元	約略推估
平均每日淨賺額	約10,000元	約略推估
平均每月來客數	約5,000人	隨季節波動
平均每月營業額	約500,000元	約略推估
平均每月進貨成本	約200,000元	約略推估
平均每月淨賺額	約250,000～300,000元	約略推估
營業時間	7:00AM～8:00PM	
每月營業天數	約25天	
公休日	每週日	農曆新年固定休息5天

製作方法

蘿蔔絲餅材料：麵糰、蘿蔔絲、蔥花、蛋

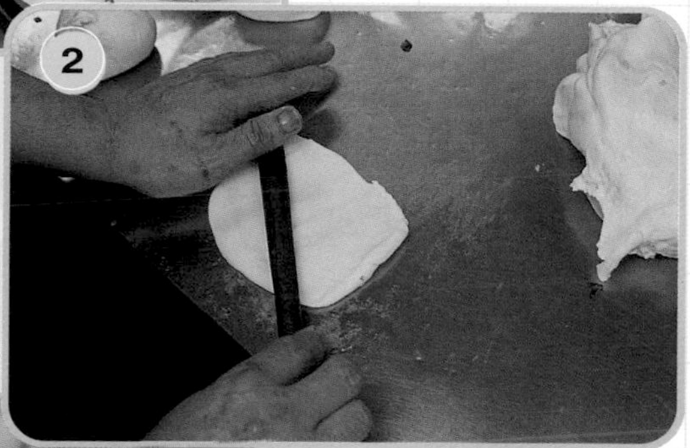

先將揉好的麵糰捏為小糰壓平，桿成適當大小

在麵皮上加入已調味好的蘿蔔絲

Know-how

製作方法

將麵皮以螺旋狀收口

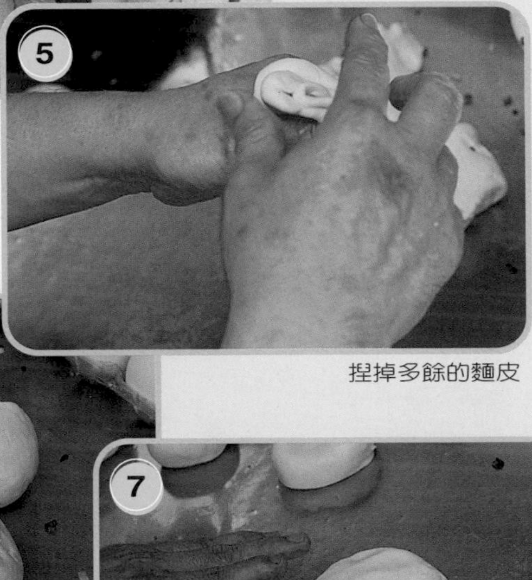
捏掉多餘的麵皮

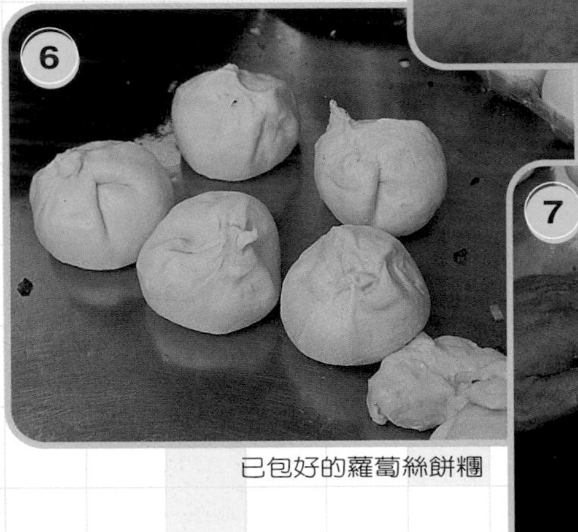
已包好的蘿蔔絲餅糰

接著包入青蔥

將餅糰壓扁後下鍋煎

約5分鐘後即煎透

沾上白芝麻增加香味

香氣四溢的蘿蔔絲餅

Know-how

老闆給菜鳥的話..........

雖然林先生賣的只是幾種簡單小吃，不過以他過來人的經驗談，想要獲得不錯的收入，平均得要花上2到3年的時間：一方面得靠經驗去選擇新鮮的材料和口感，而且還要擁有熟練的手藝，才能夠應付客人的大量訂購。不過林先生認為蘿蔔絲餅要作得好吃其實沒有太多的訣竅，但是所使用的材料一定要新鮮，只要口味好，絕對不怕客人不上門。

忙碌中的林老闆

美味DIY.........

材料

1. 中筋麵粉1斤（約可做10個）
2. 白蘿蔔2斤
3. 蔥花2支
4. 豬油少許
5. 沙拉油適量

調味料

1. 鹽1茶匙
2. 糖1茶匙
3. 味精1/2茶匙

》》》》》》》》》》》》 哪裡買？多少錢？

內餡不可或缺的白蘿蔔，一定要選擇實心但是果肉軟的蘿蔔，才能刨出絲來。

至於青蔥，林先生也是精挑細選宜蘭農產，如果要大量採購的話，可直接到果菜市場，以比較便宜的批發價格來購買。其餘材料在各地雜糧行，均可購買得到。

項目	份量	價錢	備註
白蘿蔔	1箱	800～1500元	隨季節、產地波動 夏天所使用的高山品種，價格較高 冬天所使用的平地品種，在價格上則是偏低
青蔥	1把	100元	隨季節、產地波動
中筋麵粉	22斤/1袋	290元	
豬油	30斤/1桶	500元	
沙拉油	18公升/1桶	400元	
鹽	24包/1箱	335元	
糖	50公斤/1袋	950元	
味精	12包/1箱	450元	

》》》》》》》》》》》》 製作步驟

1. 前製處理

麵糰

(1)將中筋麵粉先加入50℃左右適量的熱水（溫度視氣溫而定，天氣愈熱溫度愈低），搓揉10分鐘左右。

(2)再加入適量冷開水，均勻揉成光滑的冷燙麵糰。

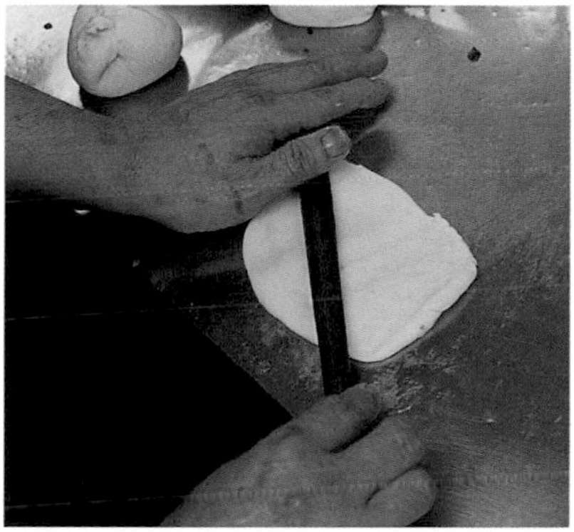

蘿蔔絲

(1)將白蘿蔔洗淨刨絲。

(2)加入適量的鹽（不可太鹹），將白蘿蔔絲搓揉至出水。

(3)瀝出過多的水分，加入適量的鹽、糖及味精調味。

(4)拌入少許蔥花及熱豬油即成餡料。

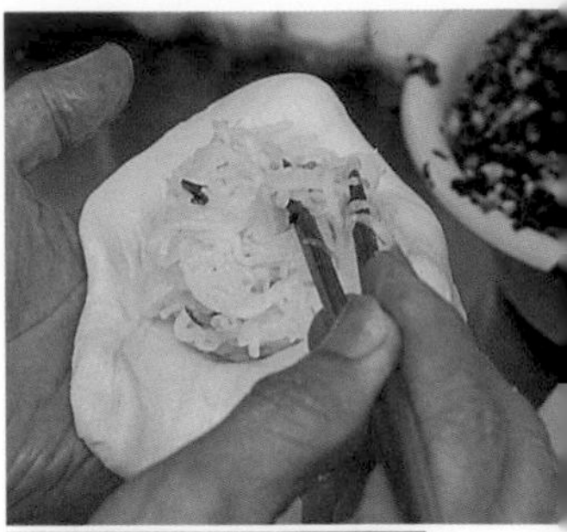

2. 後製處理

(1)將冷燙麵糰捏成一小糰一小糰（不時抹上沙拉油避免沾黏），壓平桿薄。

(2)包入適量的餡，捏去多餘的麵皮。

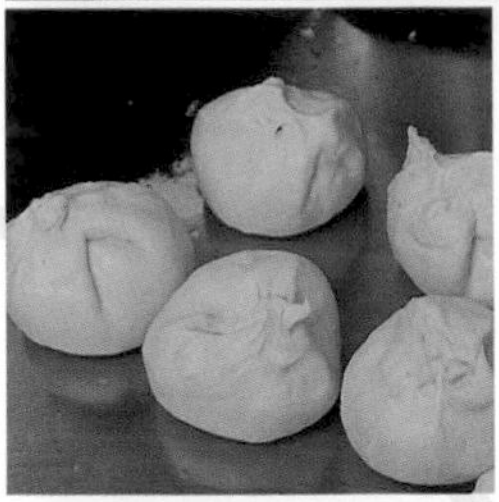

(3)將蘿蔔絲餅糰略為壓成扁圓形下鍋煎。

(4)不停翻面約5分鐘，麵粉煎熟後手感會覺得比較輕。

(5)煎至兩面呈金黃酥脆狀，且餅變輕了即可起鍋瀝油。

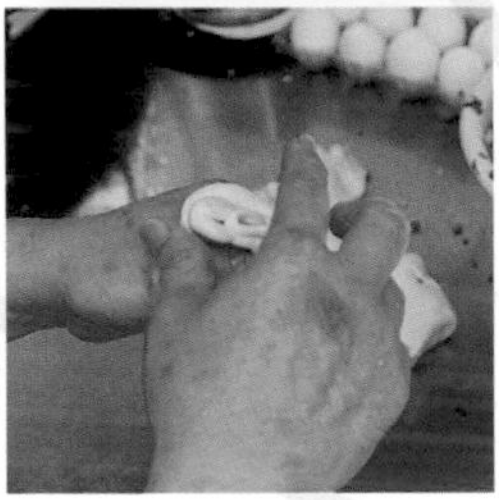

3. 獨家撇步

(1)白蘿蔔最好挑選高山蘿蔔，其水分較多，蘿蔔脆又甜，無辛辣味，而且可刨出較多的絲。

(2)拌蘿蔔絲餡所加入的熱豬油，目的是將白蘿蔔及蔥花的生味去除，使香味四溢，蘿蔔絲入口不澀、不腥。

(3)冷燙麵煎起的餅皮較酥鬆爽口。

你也可以加盟........

和藹可親的林老闆

由於是小型的家族事業，雖然生意作得算相當不錯，不過林先生至今尚無打算開分店的計畫，因此也不會有類似加盟的連鎖事業，不過有興趣學習的人，還是可以親自向林先生打聽看看。

美味DIY小心得

雙胞胎&芝蔴球

雙胞胎頭好壯壯

芝蔴球好圓滾滾

大陸夫妻來台打江山

一國兩制的台灣版大陸味

有合喔！好吃喔！

美味紅不讓　特色紅不讓
人氣紅不讓　地點紅不讓
服務紅不讓　名氣紅不讓
便宜紅不讓　衛生紅不讓

店齡：6年好味
老闆：林先生
年齡：34歲
創業資本：3萬元
每月營業額：約20萬元
每月淨賺額：約16萬元
產品利潤：約8成
地址：台北市復興北路164號
（遼寧街185巷子口）
營業時間：11:00AM～8:00PM
聯絡方式：0955430328

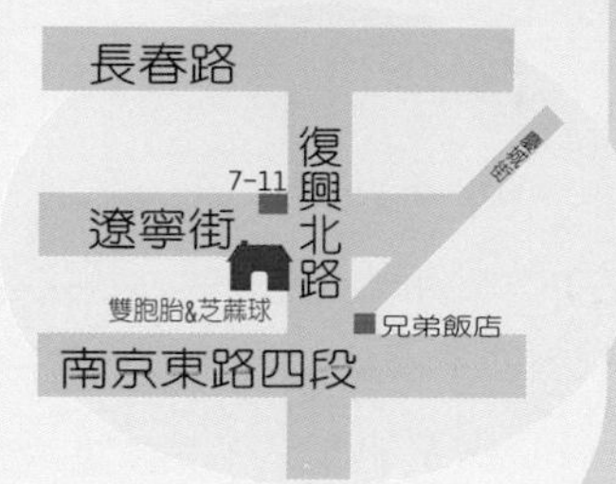

香、酥、脆嚼勁十足，難以抗拒的蔥香撲鼻而來……

因為主題的關係，我才發現全台北市有為數不少類似的路邊攤，除了攤車前頭堆滿的雙胞胎、芝蔴球和甜甜圈，還會兼著賣蔥油餅，不知道這是不是在小吃行業中比例最高的項目了；雖然是作法簡單的本土甜點，當我們童年時手邊僅能利用的幾十塊錢，就能嚐到印象深刻的美味；更因為在這秋冬之際已經感受到的不少涼意，更是讓人胃口又開始蠢蠢欲動，藉著甜蜜的點心好溫暖通體的味覺神經。

話說從前..........80年前經濟起飛，大陸同胞逐錢來台居，其實不易…

民國八〇年代階段，由於台灣國内經濟在當時蓬勃發展到最高峰時，人人手頭上都有不少的餘錢，大手一揮相當闊綽，國内的物價水準之高，更是就此擠進全球十大城市排行，台灣的經濟前景宛如現在正逐漸起步的中國大陸，外地人爭先恐後想來淘金。林先生和林太太就是在這樣的情況之下，透過親人的幫助來台申請居留，父親是馬祖人，而其他的兄弟也都在台灣定居，在當時甫開放大陸人民申請來台定居的相關政策，興致勃勃的他們，也以為近在咫尺的台灣，就像媒體和朋友所大肆宣傳一般，有著遍地的黃金和數不清的工作機會。

沒有特殊專長的林先生，起初曾經到工地當過建築工人，不過相當令人沮喪的卻沒有拿到工錢，在非得養家活口的情形之下，林先生決定重操舊業，當初他在福建省的家鄉最拿手的就是做些小點心，蔥油餅和甜甜圈等點心的製作方法，他早就已經駕輕就熟，手藝不成問題，又正巧一位朋友當時在南京商圈一帶所經營的小吃攤，生意並不是太好，而林先生也就趁機接手這裡的攤位做起生意，經營了幾年的時間，也在附近的上班族和住家鄰居當中，有了些許知名度，前陣子還有平面媒體特地來報導呢！

心路歷程..........拼一個台灣版大陸味小攤，圓一個大富翁落葉歸根

說起來林先生和林太太可是拼了命在賺錢，在小吃攤生意還不錯的情形之下，這對認真的夫妻總是希望能夠多賺點錢，等賺到了滿意的數目，最後還是落葉歸根的回到自己原本的家鄉。說也奇怪，早在林先生到此經營之前，同樣是賣著小吃攤販，卻落得黯然收場。緊接著林先生和林太太一接手，生意透出一線生機，再加上當時國內的經濟還算是繁榮安定，他們夫妻為了多賺一點錢，還曾經以分工合作的方式，另外再經營一個攤位，倒也是風光一時，就算每天忙得要命，也算是擁有相當的成就感。

近年來經濟景氣逐漸欲振乏力，不僅以往排隊的盛況不再，同時經營2個攤子，不但對於生意沒有太多的助益，反而是透支體力，無法兼顧家庭，因此林先生和林太太目前只是專心經營這個在南京商圈的小吃攤；不過林先生覺得台灣的物價實在太高，就算他們的生意在目前已經有了相當穩定的客源，卻還是有那種存不到錢的無力感，再加上還要供應2個小孩教育和生活的開銷，雖然一心將返回家鄉的心願列為最高優先，不過聽起來卻有種遙遙無期的無力感，令人感覺有點辛酸。儘管如此，林先生和林太太做生意時，卻是相當彬彬有禮，總是主動招呼客人，細心打點需要外帶的食物，絕不會讓客人等得過久，這一向是林先生所堅持的：「微笑，是做生意所需要的一種禮儀」。比起一些總是擺著一張冷漠臉孔的老闆們，林先生和林太太的招呼方式，讓客人的胃口大開，當然人潮也就不斷蜂擁而入了。

開業齊步走............

攤位如何命名？

沒有刻意的想要取個方便稱呼的店名，就跟一般販售甜甜圈、芝蔴球和雙胞胎之類的攤子一樣，總是在攤子前頭擺上了成堆的點心，倒是相當方便帶了就走。

地點選擇&租金？

也算是幸運，林先生從朋友手中接手原來的攤位做生意，南京商圈可說是相當方便繁榮，除了周邊林立的工商大樓，是現成的人潮聚集地，顧客群不會流失之外；四通八達的便利交通、距離木柵線幾步之遙的捷運車站，將從其他地方過來辦事的過路客人帶來，使得林先生夫妻的攤子前所聚集的人潮不斷，因為這個原因，也會吸引好奇的人，過來外帶一些點心。

在復興北路和遼寧街口有一整排的小吃攤，每次到了用餐時分都會熱鬧非常，不過出乎意料，這裡並非國家認可的路邊攤位，因此在這裡營業的小販，常常就會收到警察不定時取締所開出的不定額罰單，根據林先生的經驗，每天都會收到1、2張，雖然是變相的租金，倒也是無可奈何。

硬體設備？

其實從事這種小吃的硬體成本可算是相當低廉，一輛簡單的攤車，以及視來客數所準備的煎鍋數量，就像林先生的攤子就準備了2個煎鍋，再加上陳列甜甜圈、芝蔴球和雙胞胎所需要的盤子，大約準備3萬元就可以搞定；此外，麵粉攪拌器倒是不可或缺，攪出大量的麵糰才能夠省時省力，而這類的器材設備都可以直接到環河南路一帶的店家一次購足。

人手？

完全由林先生和林太太兩人來分工合作，通常兩夫妻一早就會起床，林太太準備生意開市前的前置工作；林先生則製作當天所需要的麵糰、桿麵皮之類的材料，除了先將蔥油餅所需要的數量事先準備再運到營業地點，其餘的點心類食品，則是每天早上現炸販賣。而攤位的看顧也是由夫妻兩人輪流，藉此避免消耗一些不必要的體力浪費，有了健康的體魄，才能多賺一些錢嘛。

客層調查？

因為林先生的小吃攤在這一帶也經營了一段時間，加上東西好吃，也可說是小有名氣，通常在周一到周五的上班時間，理所當然都是附近的上班族光臨，在下午3～6點的時段，許多女性就會過來買雙胞胎和甜甜圈之類的下午茶點心，而男性多半會買個一張蔥油餅嗑嗑牙；在冬天的時候，由於熱食也相對的受到歡迎，因此就連星期假日，林先生和林太太都會出來做生意，而附近的一些住家也都會上門購買，因此他們所記得的熟面孔常客實在不少。

人氣項目？

同時販賣蔥油餅和雙胞胎這類的甜食點心，比較起來，林先生的蔥油餅相當受歡迎，因為不論男女老少，都能夠接受這類的食物。不過女性顧客偏多的甜食點心，林先生也有他一套拉攏顧客的方法，因為天氣的變化，他都會視狀況增減麵粉的份量，藉以符合因為天氣變化而影響的胃口，所以外形看起來一模一樣的雙胞胎、甜甜圈和芝蔴球，在夏天時的味道軟軟的入口即化，不會油膩，而在冬天時的味道則感覺酥脆，顯得豐富飽滿而不會生硬難以咬嚼。

營業狀況？

由於都是麵食類的食品，因此林先生最為大量使用的材料，不外乎是低筋麵粉、中筋麵粉和高筋麵粉了，其他像是蔥油餅不可或缺的蔥花，甜甜圈上面灑滿的砂糖，以及這類油炸食品所需要的沙拉油，購買都不成問題。因此林先生製作這類食品的訣竅，即在於麵粉發酵的時間控制，和比例的合適調配，因此同樣的食物，在炎熱的夏天時嚐起來不會難以入口，在冬天時也不至於滿是油膩。

在攤車旁邊，往往可以看到一排排堆起的蔥油餅麵皮，生意好的時候，不到5分鐘的時間就可以賣出好幾張的蔥油餅，而根據林先生的估計，這類簡單的麵食類產品，光是所獲得的利潤就高達8成，可說是相當划算。不過比較起來，這類食物在冬天還是比較受歡迎，畢竟溫溫熱熱的口感，在夏天時比較不受一般人的偏愛，所以林先生和林太太在冬天時絕對不會休息，多賣一些就能夠多存一些錢，相當認真的為生活打拼就是了。

未來計畫？

林先生口口聲聲的強調小吃業的不穩定和辛苦，連他都不是相當習慣，現在為了養家活口，供應2個小孩好一點的生活水準，他們還是相當認命的工作；不過因為景氣愈來愈差，不但以往客人需要排隊購買的盛況已不復見，業績也因此往下掉了3、4成之多，如果有可能的話，林先生還是希望存夠了錢之後，就能夠回到家鄉，用這些錢享享幾年的清福也不錯，就算是在台灣奮鬥這麼些年來的報酬吧。

數字會說話？

項目	數字	說說話
開業年數	6年	在家鄉時就習得的手藝
開業資金	5萬元	成本低廉，但製作技術相當重要
月租金	無	緊鄰路口的小吃攤，來來往往的人相當多，不過每天都會接到罰單
人手數	2人	林先生和林太太輪流看顧攤子
座位數	無	均以外帶形式販售
平均每日來客數	約800個	甜甜圈、雙胞胎和芝麻球，平均每天可賣出的數量總和
平均每日營業額	約8,000元	約略推估
平均每日進貨成本	約2,000元	約略推估
平均每日淨賺額	約6,400元	約略推估
平均每月來客數	約20,000個	甜甜圈、雙胞胎和芝麻球所賣出的數量總和
平均每月營業額	約200,000元	約略推估
平均每月進貨成本	約50,000元	約略推估
平均每月淨賺額	約160,000元	約略推估
營業時間	11:00AM～8:00PM	
每月營業天數	約25天	冬天時每天營業，只在農曆年時公休
公休日	每週日（6～8月）	農曆新年固定休息5天

製作方法

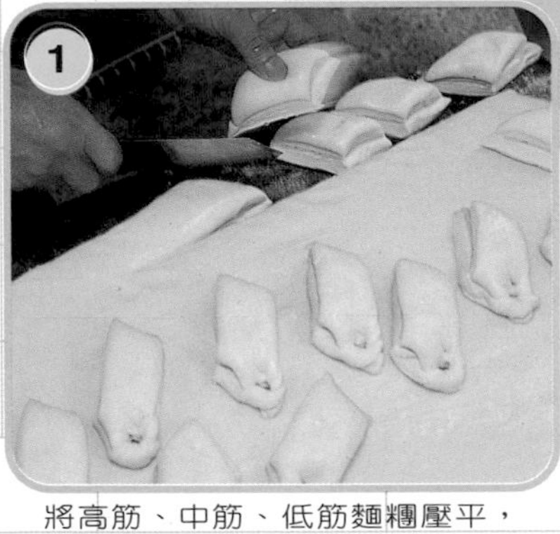

將高筋、中筋、低筋麵糰壓平，層層疊在一起，用刀子斜切分成小塊

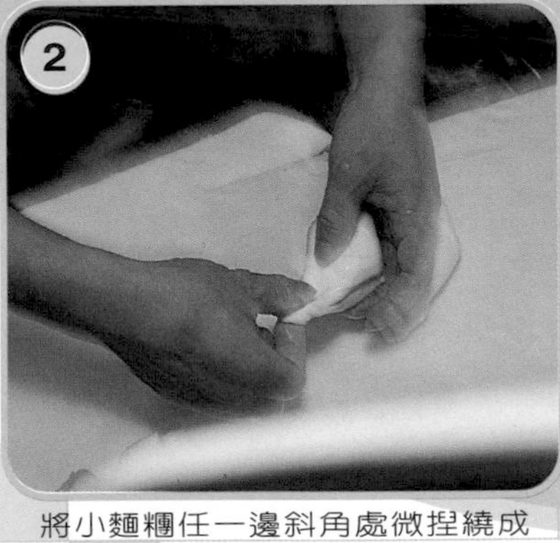

將小麵糰任一邊斜角處微捏繞成一圈，再壓回原處

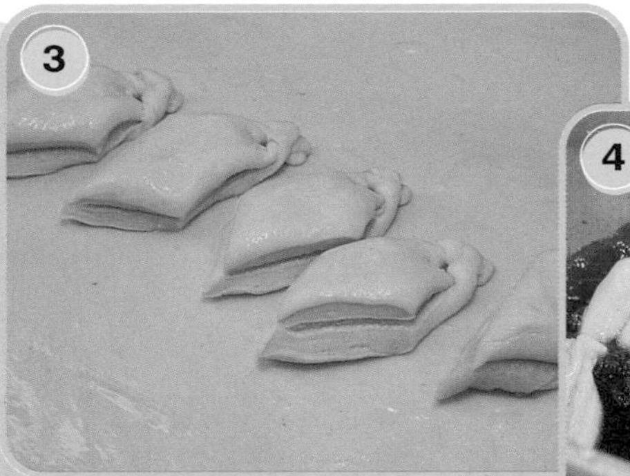

已捲好的三層麵糰

放入油鍋中泡炸，漸漸膨脹的雙胞胎

放入油鍋中麵糰一分為二，但捏捲處仍緊密的雙胞胎

脆又有嚼勁的雙胞胎成品

糯米皮包紅豆沙的生芝麻球原料一圈，再壓回原處

將芝麻球放在勺子上緩緩滑下油鍋炸

製作方法

未炸熟的芝麻球仍有重量，沉在油鍋底下

用工具將鍋底的芝麻球撈一撈避免沾黏在鍋底

快熟的芝麻球漸漸浮至油面

用勺子來回壓數次使芝麻球膨脹2～3倍大

芝麻球成品

中高筋麵粉揉成的麵糰，以模型壓成甜甜圈

下鍋油炸已翻面的半成品

撈起瀝油的甜甜圈

沾上細砂糖

甜甜圈成品

老闆給菜鳥的話..........

每天大約9點鐘起床就開始工作，林先生和林太太每天要到晚上11點以後才真正有自己的休息時間，除了工作時間長，還得常常準備一些相關的製作步驟和雜務，可說是相當繁瑣，如果有充分的耐心來從事這份工作，所獲得的利潤其實算是相當不錯，再加上冬天生意比較好，其實只要肯多花一點功夫，一般的小康生活其實沒有什麼問題。

有一身好手藝的林老闆

美味DIY...........

材料

1. 低筋麵粉半斤
2. 中筋麵粉半斤
3. 高筋麵粉半斤
4. 紅豆沙半斤
5. 糯米粉半斤
6. 沙拉油適量
7. 白砂糖適量
8. 乾酵母粉2大匙

調味料

1. 二級砂糖適量
2. 細白砂糖適量

哪裡買？多少錢？

由於是小本生意，林先生的習慣是向附近的雜貨店購買，或許價錢便宜不到哪裡去，不過有專人可以送貨到府，可以節省少許的時間和氣力。

項目	份量	價錢	備註
低筋麵粉	1袋/ 22公斤	約250元	
中筋麵粉	1袋/22公斤	約270元	一般雜糧行
高筋麵粉	1袋/22公斤	約280元	
糯米粉	1箱/20斤	約500元	
紅豆沙	5斤	140元	
白芝麻	1斤	40元	
二級砂糖	50公斤/1包	約950元	
沙拉油	1桶/18公升	約400元	
乾酵母菌	50克/1包	130元	1磚/130元
雞蛋	1斤	17元	

製作步驟

1. 前製處理

雙胞胎

(1)將低筋麵粉、中筋麵粉、高筋麵粉各半斤混合。

(2)倒入已調成水溶化的酵母水中（1大匙乾酵母粉調約6兩溫水）。

(3)將麵粉揉成麵糰，揉約10分鐘，使麵糰表面呈光滑狀。

(4)以棉布蓋住麵糰醒麵約30分鐘。

(5)將醒好的麵糰分成兩大塊，壓平成厚度約1公分的麵皮。

(6)在一塊麵皮灑上適量的二級黃砂糖，再鋪上另一塊大麵皮，呈三層厚約2.5公分的大麵皮。

(7)將大麵皮略為壓平黏緊，以斜刀分切成小塊。

(8)切下的小麵皮兩端呈三角尖狀，任選一邊斜角處微捏後，繞一圈，再壓回原捏處，避免雙胞胎炸時會一分為二。

(9)將捲好的生麵雙胞胎靜置稍微發酵備用。

甜甜圈

(1)準備5兩的溫水，調入1大匙的乾酵母粉，攪拌使其溶於水中。

(2)將酵母粉水倒入半斤以過篩的中筋麵粉中，加入1個雞蛋及1小匙發粉、45公克糖、1/2小匙的鹽，充分揉勻約10分鐘左右，使麵筋延展。

(3)揉至麵糰表面呈光滑時，靜置待發酵約1小時。

(4)將麵糰取出，灑些乾麵粉於麵糰及桿麵棍上，壓桿成約0.8公分厚度的麵皮。

(5)用空心印模押出甜甜圈的形狀。

(6)將已壓模的甜甜圈排盤，靜置溫暖處，最後發酵約30分鐘左右。

2. 後製處理

(1)準備油鍋以低溫（150℃～160℃）炮炸雙胞胎至表面膨脹且呈金黃色，改大火逼油即可撈起瀝油。

(2)以低油溫（160℃～180℃）左右的熱油泡炸甜甜圈至金黃色，改大火逼油即可撈起瀝油，沾上細砂糖即可食用。

(3)以150℃～160℃的油溫泡炸芝麻油，並不時滾動翻面，待芝麻球顏色開始漸成黃色時，以鏟子輕壓3～4次，直至球體不停膨脹約2～3倍大，並呈金黃色，即可改大火逼油即可撈起瀝油食用。

3. 獨家撇步

(1)油炸任何食物火候最為重要，千萬不可大火只將表皮炸黃而內餡還是生的。

(2)油鍋中的食物顏色看起來會比實際撈起後的顏色略淺（撈起後的餘溫會繼續加熱），因此在油炸判斷食物表面是否呈金黃時，要在比平常印象中的顏色略淺些時，就必須撈起油炸物，避免時間過久而焦黑。

(3)炸芝麻球取決於邊壓邊膨脹的技巧，若要避免球體容易在壓時炸破，可在糯米麵皮中加入些地瓜泥和勻，可增加韌度。

你也可以加盟..........

林先生覺得這是一種相當簡單的手藝，他只是另外在季節變化的時候稍微增減原料，以符合因為氣候而影響的口感。如果有心人想要學習這門手藝的話，可以親自上門向林先生求教，詢問開業的相關可能性。

美味DIY小心得
MEMO

民生社區傳統豆花

順勢流下的金黃糖水
讓這片白嫩光滑彈了兩下
隨著這一抹豆香醇甜
嘴角也揚了起來

美味紅不讓 ♛♛♛♛♛	特色紅不讓 ♛♛♛♛♛
人氣紅不讓 ♛♛♛♛	地點紅不讓 ♛♛♛♛
服務紅不讓 ♛♛♛♛♛	名氣紅不讓 ♛♛♛♛♛
便宜紅不讓 ♛♛♛♛♛	衛生紅不讓 ♛♛♛♛♛

店齡：2年好味
老闆：詹勝義先生
年齡：60歲
創業資本：約10萬元
每月營業額：約9萬8千元（約略推估）
每月淨賺額：約5萬8千元（約略推估）
產品利潤：約4成
（老闆保守說，據專家實際評估約6成）
地址：台北市民生東路五段36巷
8弄23號之1
營業時間：3:30PM～10:00PM
聯絡方式：（02）27457964

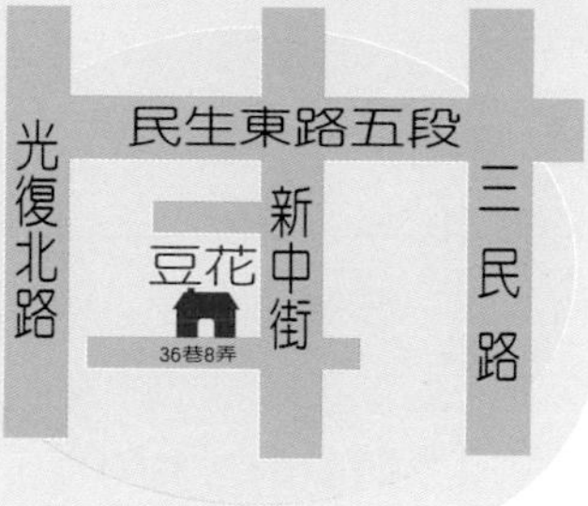

細滑的口感，淡淡的豆香，滿足挑剔的嘴......

我最喜歡吃豆花了！細滑的口感，淡淡的豆香，再配合著心情加入花生、綠豆、粉圓或芋圓，反正隨著喜好調味就是了，每天不管何時何地的來上一碗，嗯！心情也會隨豆花的甘甜而開朗起來呢！豆花還有一個比其他甜品都優的好處，就是不管冬天或夏天都適合賞味，冰的熱的一樣美味！在這裡再和大家分享一個小秘密，不管你信不信，豆花還可以美白喔，筆者就是吃了十幾年的豆花，才讓我在這經濟不景氣的時候還能省下一筆美白用品的開銷呢！

話說從前.........60歲入行好精神，種花生、磨黃豆推著小攤賣豆花

今年60歲的詹老闆，之前在南亞塑膠服務了30年，負責處理訂單的業務範圍。退休之後，本來以為可以享享清福，過點悠閒的日子，但後來經不起朋友的熱情邀約，終於決定受聘到大陸去做顧問，或許是水土不服，人文環境的不同之下，詹老闆並不是很能適應彼岸的生活，半年之後還是回來了，這下卻也了了詹老闆的願，終於可以無憂無慮過過農村的生活，於是詹老闆回鄉下種了半年的花生。但可不容易啊！由於缺乏農業相關的專門知識，不久詹老闆的花生就生病了，求教於農業改良場之後才發現原來其中真有不少的學問啊！剛好當時詹老闆的小舅子興起了賣豆花的念頭，而又有親戚正巧經營豆腐工廠，但因小舅子的行動不便，需要詹老闆助其一臂之力，就在天時地利人和各種條件都配合之下，詹老闆的豆花小攤子就出現啦！

至於使用非基因改良的黃豆又是怎麼一回事呢？原來對豆花本算是完完全全門外漢的詹老闆，卻有一個小姨子任職於『美國在台黃豆協會』，跟詹老闆大約介紹過黃豆之後，最後的決定就是使用健康又美味的非基因改良黃豆品種，雖然此品種的成本是一般黃豆的2倍，但詹老闆對品質的執著您可想而知，絕對堅持最好與最健康的，且售價還比一般便宜喔！絕對讓您物超所值。另外值得一提的就是在詹老闆的小攤車上掛了兩張不同凡響的證書喔，分別是中文與英文版的進口非基因改造黃豆證明書，沒見過吧！讀者下次去光顧時別忘了留意一下喔！

心路歷程………純屬玩票，賺不賺不重要，品質與健康最強調！

在民生社區住了很多年的詹老闆，在附近的市場邊上租了一個小單位做為廚房，也就順理成章的將小吃攤車擺在廚房前了。憑良心說目前小吃攤所在的小巷口人潮並不是很旺，不過據詹老闆表示，年紀大了，每天跑警察也很累，再加上只是退休後玩票性質的工作，乾脆就找個安靜一點的地方，反正品質保證，識貨的自己就會來吃嘛！詹老闆果然快人快語，其實如果你見識過詹老闆工作的樣子，馬上便可以明瞭他是怎樣一個性情中人了。

詹老闆在拜師的時候，也曾下過不少苦功呢！從自己收集資料開始，之後請教於老丈人，進而拜訪豆腐工廠的老闆與傳統豆花的師父，一路摸索了半年之久才有些許心得呢！就像所有的新鮮人一樣，詹老闆失敗了很多次，不是做出來的豆花凝結度不好，就是有氣泡，因為每一批豆子的成分都不盡相同，所以一直到現在，每一批新豆子平均至少都還會出一次差錯。不過就像詹老闆所說，當作玩票性質的運動，每天在街上跟人聊聊天，抬抬槓，日子過得開心，客人吃得健康滿意，他也就心滿意足了！

豆花攤位外觀

開業齊步走………

攤位如何命名？

詹老闆的攤子是沒有名字的，他說因為初時也只是抱著玩玩讓退休的生活充實點而已，並沒有特別花心思在取名字上面，小吃攤車的看板上只標明著『傳統豆花』和『車輪餅』；不過，雖然沒有名字，但詹老闆大有來頭的非基因改造黃豆製造的傳統豆花，散發的出的濃郁豆香，可是在短短的時間內就遠近馳名了呢！

地點選擇？

在民生社區住了幾十年，年紀也大了的詹老闆亦不想跑太遠，索性就近在附近市場旁邊租了一個小廚房做為製造豆花的場所，又為了省去許多不必要的開銷，乾脆就把小攤車擺在廚房的門口，雖然是一條頗為安靜的小巷子，但由於豆花的品質保證，小吃攤的人潮往往也是絡繹不絕呢！

租金？

一般而言擺放在紅磚道上的小吃攤車除了要跑警察外，是沒有租金負擔的，但也可能是詹老闆所在的小巷子實在是太靜了，連警察先生也不常來訪，所以大致而言，並無罰款這方面的壓力，至於小廚房每月則需差不多約1萬元左右的租金。

硬體設備？

初見詹老闆的小吃攤車覺得好新、好乾淨、好漂亮，與一般對小吃攤車的印象有些不同，原以為他是個新手，沒想到已有兩年多的經驗了，但您絕對想不到，詹老闆的小吃攤車卻是2手貨吧！原來之前的主人使用時間並不長，價錢也只是新貨的一半而已，約八千多元，所以就買下來了，豆花的鍋子差不多3千多元，都是新貨，至於磨豆機與脫漿機分別都是4千多元，全部都可以在環河南路一帶購齊。

》》》》》》》》》》》》》 人手？

平日大都是詹老闆一個人在顧，詹太太偶爾會來幫個小忙，又或者有時客人大量定貨，詹太太也會幫忙製作的過程，但如果真的遇到人多的時候怎麼辦？「還是一樣啦！」詹老闆表示再忙也得慢慢來，因為品質才是最重要的嘛。

》》》》》》》》》》》》》 客層調查？

由於是位在安靜且人潮並不旺盛的小巷子內，所以開始的時候大部份的顧客不外乎是附近出來散步的家庭主婦，或是過路的人，但慢慢隨著品質名聲做了起來，還真的有人特地慕名前來品嚐這與衆不同的豆花呢！不說您或許不相信，現在有些附近周邊的辦公室不管是開party或喝下午茶，都會特定跟詹老闆訂購豆花呢！所以只要是非下雨天而詹老闆卻未開市的日子，準是又有人大量訂貨了，比方說南京東路的『明治大樓』與『台塑大樓』等，可都是詹老闆常跑的地方呢。

》》》》》》》》》》》》》 人氣項目？

滑嫩入口即化的古早味豆花，當然是詹老闆攤子的人氣項目囉！堅持傳統做法的美味豆花，豆香醇厚、細嫩爽口，搭配鬆軟可口的花生、紅豆…等配料，冰著吃或加熱薑汁暖呼呼的來一碗，兩者都是難得一見的人間極品。

營業狀況？

詹老闆的豆花最大的特色就是那非基因改造的黃豆了，但也由於貨源是從自家親戚的豆腐工廠而來，且就在附近的新東街，所以也沒什麼固定的進貨時間，就是想拿貨的時候隨時去取便成。市面上的黃豆一斤約25元，但非基因改造的品種一斤約50元，貴將近一倍；但詹老闆說一般的黃豆的青草味道較重，有澀味且無豆香，所以只要顧客可以享受到最好的，他少賺一點其實無所謂。他一天差不多可以賣出兩鍋，約40碗左右，大概需要1斤半的黃豆，至於凝固劑則可在迪化街的雜糧行購買，1公斤約150元。

未來計畫？

笑容可掬的詹勝義老闆

詹老闆在訪談當中不斷強調這只是一份退休後養老的工作，目的並非在賺錢，所以並無任何開設分店的想法，至於兒女也都各自事業有成，沒有人想繼續的經營下去，詹老闆說這一生當中他在該努力的時候也已經努力過了，所以退休之後也不想讓自己太勞累，「做到身體不行時就不做啦！」。

數字
會說話？

項目	數字	說說話
開業年數	2年	
開業資金	約10萬元	攤車、烤爐、磨豆機和脫漿機，加上一些大大小小的鍋子
月租金	1萬元	小廚房的租金
人手數	1～2人	
座位數	4人	
平均每日來客	100～150人	冬天車輪餅的生意會好一點
平均每日營業額	約2,000元	約略推估
平均每日進貨成本	約3,500元上下	約略推估
平均每日淨賺額	約900元上下	約略推估
平均每月來客數	約3,000人	隨季節波動
平均每月營業額	約98,000元	約略推估
平均每月進貨成本	約25,000元	約略推估
平均每月淨賺額	約58,000元	約略推估
營業時間	3:30PM～10:00PM	
每月營業天數	每天	除了下雨天，有時因為客人大量訂購需較長時間製作而無法開市
公休日	下雨天	

製作方法

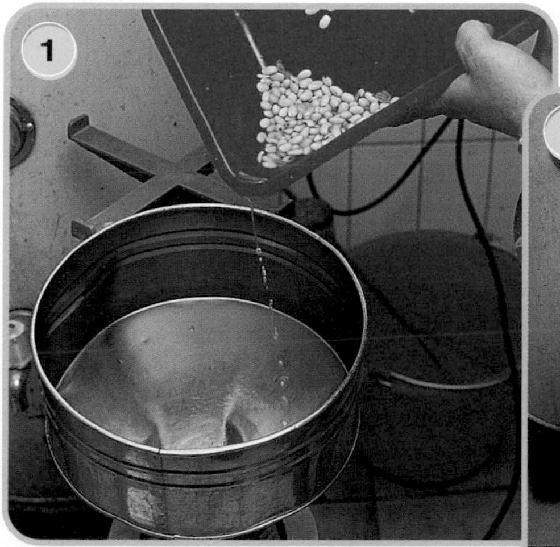

將已浸泡過的黃豆倒入磨豆機中

在盆中鋪上一層紗布準備過濾流出的豆渣

緩緩流出的豆汁

將紗布裹起來擠出豆汁，濾掉豆渣

製作方法

用小火煮滾

適時攪拌並撈掉浮在上面的泡沫

將煮滾的豆漿一氣呵成快速倒入凝固劑中

靜置約10分鐘即成豆花

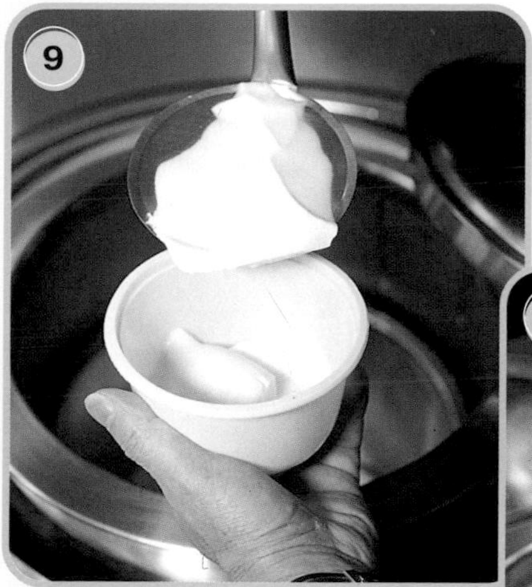

用工具舀出豆花

加入花生仁

加入特製糖水

豆花成品

老闆給菜鳥的話.........

詹老闆強調不管是做哪一行都要花心思下功夫，以確保產品的品質，要不斷求進步、要創新，發現缺點時要立刻改進，而非只是師父怎麼教就怎麼做而已，就像一桶水倒過一桶水，如果像這樣到最後水遲早要漏光；所以這即使只是一份退休後消磨時間的差事，他仍然是很認真的從頭學起，把一切做到最完美，也才可以做出好口碑來。詹老闆實事求是的精神非常值得作為年輕人做人處世之典範。

豆花詹老闆

美味DIY.........

材料

1. 黃豆1斤　2. 凝固劑（a.鹽滷1大匙＋b.地瓜粉水1杯）
3. 地瓜粉水調配方法：地瓜粉8大匙＋水1大杯
4. 粉圓半斤　5. 花生半斤　6. 紅豆半斤

調味料

1. 砂糖1杯水5杯

哪裡買？多少錢？

所有的材料均可到各大雜糧行購買。營業用可大量整袋採買可大大降低成本。

項目	份量	價錢	備註
黃豆	1斤	25元	（一般品種，非基因改造品種1斤則需50元左右） 一般雜貨店雜糧行都可買到，但特殊品種則需向有此代理權的豆腐工廠訂購
地瓜粉	20公斤	750元	
鹽滷	1公斤	300元	迪化街的南北雜糧行均售
砂糖	1包/20公斤	850元	1公斤12元
粉圓	1斤	25元	
花生	1斤	45元	脫皮
紅豆	1斤	55元	

製作步驟

1. 前製處理

黃豆

(1)首先是浸豆的工作，夏天差不多4小時（夏天可放在冰箱內冷藏，避免變質），冬天則需8小時左右。

(2)黃豆漲大後，將浸泡的水倒掉。

(3)接下來是磨漿的工作，將浸泡過的豆子與水以1：8.75（1斤黃豆約20杯清水）的比例倒入磨漿機中，差不多8兩的豆子配上3500cc的水。

(4)將磨好的豆汁倒入脫漿器中，以去豆渣，此步驟也可用手工完成，將豆汁經紗袋過濾豆渣。

(5)將脫漿後的豆汁用小火煮沸，並不時撈出浮在上面的泡沫。之後關火等溫度降到約80度。

(6)準備一深鍋將1大匙鹽滷和1小杯地瓜水於鍋中調勻。

(7)將冷卻後的豆汁由上而下快速沖入深鍋中。

(8)等之凝固冷卻約10分鐘，即成豆花。

紅豆

(1)紅豆洗淨，泡水約2小時。

(2)加入約鍋深2/3的水，用大火煮滾約2個小時（時間視份量多寡）。

(3)待紅豆熟透後加入砂糖調味即可。

花生

(1)先將乾燥花生粒以人工或是機器脫去薄膜及黑點。

(2)洗淨後泡水2小時以上。

(3)加入約鍋深2/3的水，用大火燜煮約4個小時左右（時間視份量多寡）。

(4)待花生湯汁的顏色變得白稠後，再加入特級砂糖調味。

粉圓

(1)將一鍋水煮沸後，倒入適量的乾粉圓，在煮的過程需攪拌，避免黏成一團。

(2)約煮30分鐘後，撈起即可食用。

糖水

(1)先將煮糖水的鍋子以中火加熱。

(2)倒入2號砂糖轉小火不停拌炒至糖出現香味（不可炒焦）。

(3)加入清水攪拌成糖水。

(4)加入少許的鹽，逼出糖的甜味。

(5)加入1小塊冬瓜精提味（會更香）。

(6)待糖水滾後，撈起浮在上面的泡沫（便糖水更清），即完成香甜的獨門糖水了。

2. 後製處理

(1)用薄勺將豆花舀起，盛於碗中。

(2)加入紅豆、花生、綠豆、粉圓…等配料。

(3)加入糖水與碎冰（若想熱食可加入熱薑汁），即成可口的豆花。

3. 獨家撇步

(1)鹽滷與地瓜粉所配成的凝固劑是豆花好吃與否的重要關鍵。鹽滷和地瓜粉的比例以1：8為最佳狀態。

(2)豆汁倒入凝固劑中的速度，往往決定豆花的凝固是否均勻，因此豆汁在倒入時一定要拉高，以重力加速度一氣呵成將鍋底的凝固劑沖勻；千萬不可分次倒入，否則豆花將會下硬上糊，無法均勻凝結。

你也可以加盟.........

詹老闆的個性相當知命隨緣，他並無野心要將事業擴展成連鎖加盟，原因是年紀已大，子女都是上班族，有穩定的工作，無人繼續將小吃事業發揚傳承下去。因此詹老闆也歡迎有興趣的有緣人來學習豆花或車輪餅，說不定詹老闆一高興，整攤都會讓給你，連學習豆花和車輪餅的學費和重新找地點的麻煩都省下來了呢！

金品牛肉麵

汕頭好男兒，黃牛肉眞功夫
味美人氣直逼，後巷藏不住！
這裡有牛肉麵眞正精髓的原味所在

美味紅不讓	♕♕♕♕♕	特色紅不讓	♕♕♕♕♕
人氣紅不讓	♕♕♕♕	地點紅不讓	♕♕♕♕♕
服務紅不讓	♕♕♕♕♕	名氣紅不讓	♕♕♕♕
便宜紅不讓	♕♕♕♕♕	衛生紅不讓	♕♕♕♕♕

店齡：6年好味
老闆：盧正志先生
年齡：61歲
創業資本：10萬元
每月營業額：約96萬元
每月淨賺額：約48萬元
產品利潤：約3成
（老闆保守說，據專家實際評估約5成）
地址：台北市復興南路一段135巷19號
（SOGO百貨正後面）
營業時間：11:00AM～9:00PM
聯絡方式：（02）27210756

牛肉麵大江南北，清蒸、紅燒、川辣，各有所好………

牛肉麵的口味來自大江南北，而台灣人向來神奇的美食創意，更是將這種路邊隨處點名就有2、3家的大衆化小吃，改良到巓峰造極。不過要論到孰優孰劣，我倒覺得不是太重要，因為每個人所喜好的口味畢竟不同，很難下一個絕對的定論，只是如果窮畢生的運氣，而能夠嚐到一種讓自己都能十分信服的美妙滋味，這才是美食存在的必要吧！

話說從前………傳承父親好手藝，勇敢改變『賣牛郎』……

在幾十年前，盧先生的父親就懷著一身烹調的好手藝，自行開業做生意，當然盧先生就在這樣的耳濡目染之下，從二十來歲的時候就開始經營自己的一片天地，起初盧先生賣的是一些熱炒小吃，就像他現在賣的一些小菜類食物，十分入味、十分開胃，到現在來店的客人都還會十分捧場的點一些熱炒類的食物來配麵吃；而隨後盧先生便改行專心賣起牛肉麵，到現在也有二十多年的時間了，不過有別於大街小巷四處可見的川味牛肉麵，盧先生所承襲的口味，是從父親手中接棒的汕頭牛肉麵，雖然在菜單上看起來大同小異，都是以紅燒和清燉牛肉麵兩種口味來做分野；不過根據盧先生的說法，實際上汕頭口味的牛肉麵，在湯頭的調配上比較清淡順口，並不像川味牛肉麵經過調味之下比例比較重，再說盧先生標榜著他所使用的本地黃牛肉，都是每天早上從合作的屠宰場中運到店裡，因此在肉質上有著絕對新鮮的保證書，不像某些店家為了節省成本，使用外地進口的冷凍牛肉，當然在口感上肯定沒得比，而且盧先生說根據一項有趣的研究結果，其實黃牛肉有著促進人體荷爾蒙激素生長的食療功效，因此多食用黃牛肉還可以促進人體肌膚的容光煥發呢！我想這對於愛美容的女生來說，可不啻為一種品味饗宴的福音！

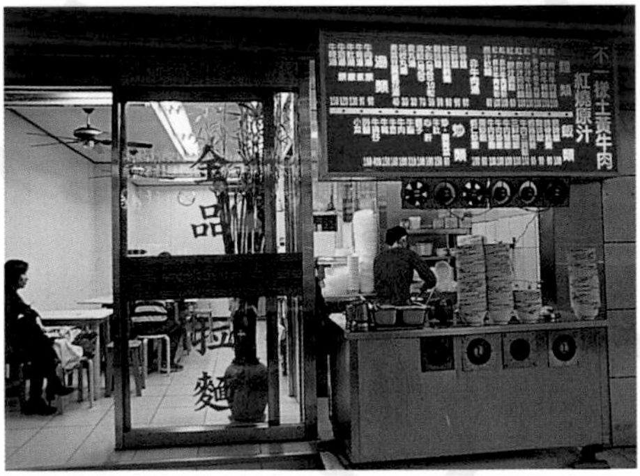

牛肉麵店外觀

心路歷程………汕頭硬漢兩代經營，發願青出於藍！

老闆 盧正志先生

講起話來酷酷的盧先生，看他和周圍的工讀生妹妹都有說有笑，再加上他有問必答的和氣態度，我想他應該是個外冷內熱的酷伯伯；可是又出乎我意料之外，盧先生當年發願接下父親的棒子，繼續經營小吃業，就下定決心，至少要作得不比父親差才行，這樣的硬漢骨氣，讓我對盧先生又多加佩服，和筆者的外公一樣，不曉得汕頭的地方漢子是不是都存在著這種固執性格。而往往面對顧客來自四面八方的批評，或許是因為年事已長，盧先生倒是以平常心來看待：他當然無法阻止顧客有褒有貶，不過他也認為這只能當作一種參考，反正用心做出來的美食總是會有人欣賞，只是盧先生倒是相當強調處理材料的衛生乾淨，從這裡所賣出去的每一樣食物，絕對不會像某些不肖商人，或許連自己都不敢拿來吃的情況，因此盧先生也期待上門的顧客，除了吃出特別的美味，還能吃出健康、吃出衛生。本來在SOGO百貨巷內一帶，大家都知道盧先生這麼一家店，不過最近在隔壁又多了2家同性質的牛肉麵店與他競爭，一開始盧先生的生意也受到一些影響而產生業績滑落的隱憂，不過久而久之，識貨的顧客還是重新回鍋，因此目前盧先生的牛肉麵店可算是穩定發展，不過或許再過個幾年，盧先生就打算退休去享享清福了。

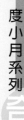

開業齊步走.........

攤位如何命名？

盧先生的牛肉麵店以『金品』作為店名，取其名有『上等食品之意』，因為盧先生用的所有食材都是最頂級的，才敢理直氣壯稱之為『金品』。兩個大小不同的紅色招牌高高掛在店門口，非常明顯。因為前陣子流行拉麵，詹老闆也順應潮流將招牌改為『金品拉麵』，不明究裡的客人會以為『金品』不賣牛肉麵而改賣起拉麵來了。不過還好，盧先生將他的牛肉麵特色盡數寫在招牌上，讓好奇的過路客人可以先行瀏覽過後，再安心的消費。

地點選擇？

大約在6年前，盧先生租下了目前的店面做起生意，一開始由於沒有任何知名度可言，因此生意並不好，不過由於SOGO百貨的逛街人潮夠多，等到客人一試成主顧之後，口碑相傳，久而久之建立起一個穩定的顧客群。而鄰近的小吃種類雖然繁多，不過盧先生可容納50桌左右的大店面，也相對為這一帶，帶來不少生意商機。

租金？

在黃金地段的搶手店面，租金之高並不意外；在經營之初，盧先生每個月都要花上7萬元的房租支出，加上每年的租金都還會調漲3,000元，目前盧先生每個月所需要支付的租金是8萬5千元，著實是一筆相當可觀的數目。或許是因為經濟實在不景氣，房東倒是沒有趁人之危繼續調漲，也讓盧先生可以稍微安心做成更多的生意了。

硬體設備？

經營牛肉麵的生意在硬體成本上的花費反而不少，像是儲藏新鮮牛肉、維持絕對品質的冰箱不可或缺，而且體積也不能只用一般的冰箱來衡量。其他像是碗盤、工作台和攤車之類的設備，都是作生意時無法省略的配備，每個人依照地點與經營規模的需要，在環河南路一帶都可以買到。

人手？

盧先生儘管手藝精湛，不過他目前只負責外場的招呼，以及煮麵的差事，另外他則請了一個廚師幫他照顧內場的部分，負責熱炒類和湯頭的調配。再來就是其他負責外場收拾及招呼的人手，由於是上下2層樓的店面，有時候一忙起來店內的服務生就有5～6個之多。

客層調查？

雖然在忠孝東路一帶的上班族也不少，不過這裡的客人通常都是一些來附近逛街的顧客，不定期光顧盧先生的牛肉麵店，而且許多客人一試成主顧之後，推薦給他的親朋好友，因此也時常有一些住在外地的客人慕名前來一嚐究竟。而這類的麵食畢竟還是男性顧客上門居多，而且年紀愈大的顧客愈能欣賞盧先生的手藝，而多半光臨鄰近的其他牛肉麵店則是以年輕的小女生居多，盧先生認為她們或許是喜歡口味重的湯頭，不過這樣倒是相當可惜。盧先生惋惜的說：「沒來到這裡，就無法吃出牛肉麵真正精髓的原味所在了」。

好吃的各式小菜

人氣項目？

盧先生不只賣牛肉麵，像是一些綜合飯類和熱炒類的食物，也都在他的菜單之內，不過最受客人青睞的單點類食物，還是以招牌麵為主，一碗份量十足的牛肉麵中，加進了牛筋、牛肚、牛雜和牛肉，豐富有餘，每碗的單價160元，算是相當便宜，盧先生因為附近的商家競爭激烈，因此不敢隨便漲價，不過這倒是便宜了消費者的胃口和荷包，以如此的優惠享受美食；而其他像是炒牛肉和炒空心菜之類的熱炒小吃，也常常是客人必定欽點的熱門小菜排行榜，受到歡迎的程度可是不下於招牌牛肉麵呢。

營業狀況？

由於地處鬧區地段，因此盧先生的牛肉麵店往往都是高朋滿座，在非假日的時間中，往往只有在下午2點到4點之間才可以稍稍喘息；否則每到吃飯時間，大批的顧客蜂擁而至，就算人手充足，想要偷個閒還是很難，再加上店內菜單所列舉的選擇種類相當多，應有盡有，因此來到這裡點餐的客人幾乎都可以滿足他們的需要。

未來計畫？

活了一把歲數，盧先生什麼世面沒見過，因此他現在也只是秉持著自己的良心原則來做生意，堅持新鮮和衛生的食物來供應給他的顧客，其他除了維持生意收支的平衡，也沒有太多的計畫與要求。盧先生也不會刻意要求自己的小孩要繼承父業，再過幾年之後，或許盧先生就會收起店面生意，以另外一種方式來過完下半輩子，真正享受一下人生的樂趣吧。

數字會說話？

項目	數字	說說話
開業年數	超過20年	多年前便以精湛的小吃手藝起家
開業資金	10萬元	含大概的設備、租金、押金
月租金	約8萬5千元	位於SOGO百貨正後方
人手數	7人	盧先生負責外場招呼。其他人手則負責收拾與點菜遞送等工作，平均月薪約3萬元。內場餐點準備則由另一名專門師傅負責，平均月薪約5萬元
座位數	約50桌	含地下一樓及店面一樓的所有座位
平均每日來客數	約200位	依現場狀況約略推估
平均每日營業額	約32,000元	約略推估
平均每日進貨成本	約10,000元	約略推估
平均每日淨賺額	約16,000元	約略推估
平均每月來客數	約6,000位	約略推估
平均每月營業額	約960,000元	約略推估
平均每月進貨成本	約300,000元	約略推估
平均每月淨賺額	約480,000元	約略推估
營業時間	11:00AM～9:00PM	
每月營業天數	約30天	
公休日	無	全年無休

製作方法

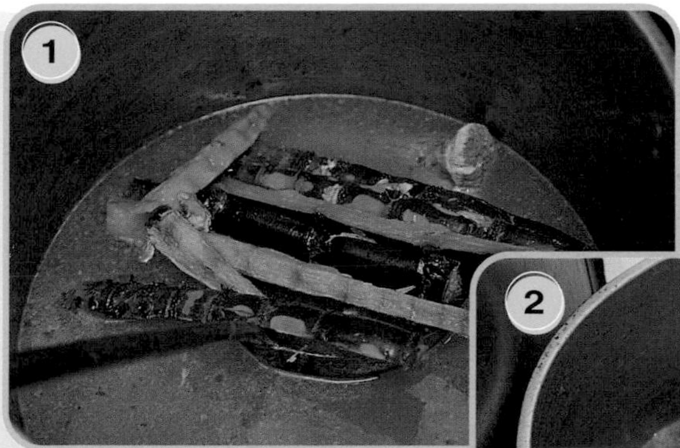

用紅甘蔗頭及豬大骨熬煮湯底

約3～4小時後，將浮在湯上的髒泡撈出

將牛腩、牛肉、牛雜入湯中燉煮4小時

牛腩、牛肉、牛雜撈起備用

Know-how

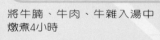

製作方法

材料及調味料在一旁備用

水滾後將麵條抖散下鍋

將麵條均勻撥散避免沾黏

將水瀝乾準備盛碗

加入適量的醬油、鹽、味精於碗中

於麵中加入牛肉

加入特熬製的牛肉湯

牛肉麵成品

老闆給菜鳥的話.........

儘管盧先生擁有自己的店面，不過他還是認為經營小吃可說是相當辛苦的事業，不但每天要站在熱騰騰的鍋爐邊，汗流浹背，而且營業的時間長，也必須要有耐人的體力才行；不過他還是老話一句，強調食物的品質最重要，而且只要對自己的口味有信心、好吃，當然客人就會自動送上門來了。

工作中的盧老闆

美味DIY.........

材料

1. 牛腩肉半公斤　2. 牛雜半公斤　3. 洋蔥1顆
4. 生薑4兩　5. 大蒜1兩　6. 手工麵條適量（1份約75公克）
7. 紅甘蔗頭4根　8. 豬大骨2大塊　9. 高湯1公斤半
10. 蔥少許

調味料

1. 辣椒醬4兩　2. 甜麵醬6兩　3. 辣豆瓣醬6兩
4. 米酒1大匙　5. 鹽1/2大匙　6. 沙拉油2大匙
7. 砂糖1大匙　8. 醬油1大匙　9. 味精1/2小匙

哪裡買？多少錢？

盧先生所採用的牛肉品質，都是每天早上在屠宰場現宰現送，到華江橋一帶的市場批發，因此絕對新鮮保證。

項目	份量	價錢	備註
牛腩肉	1斤	150元	與屠宰場直接洽談的批發價
牛雜	1斤	100元	
洋蔥	1斤	15元	大批發
生薑	1斤	20元	隨季節波動
大蒜	1斤	42元	
手工麵條	1斤	32元	採高筋麵粉製作
紅甘蔗頭	4根	15元	可與水果商洽談提供的可能性
豬大骨	1斤	30元	
蔥	1把	20元	
辣椒醬	6斤	150元	
甜麵醬	15斤	250元	
辣豆瓣醬	6斤	180元	
米酒	1瓶	21元	
鹽	1箱/24包	335元	
沙拉油	1桶/18公斤	400元	
砂糖	1袋/50公斤	950元	
醬油	10斤	80元	
味精	1箱/12包	450元	

製作步驟

1. 前製處理

湯頭

(1)將牛、雞、豬骨洗淨、紅甘蔗頭洗淨拍扁放入大鍋中，加入8分滿的水以大火熬煮至滾，並隨時撈出浮在湯頭上的雜物泡沫及多餘的油。

(2)放入牛肉、牛雜以大火熬煮約1個小時後，先將牛肉、牛雜撈起，避免肉質過硬。

(3)繼續將（1）中的湯料以小火燉約16小時後，過濾雜物即完成湯底。

牛腩、牛雜

(1)將洋蔥1顆切皮、薑4兩切片、蔥1把切段、蒜1兩揑扁，起油鍋放入2大匙沙拉油將上列材料爆香。

(2)將牛腩、牛雜下鍋大火拌炒。

(3)加入4兩辣椒醬、6兩甜麵醬、4兩豆瓣醬、米酒1大匙、鹽1/2大匙、糖1大匙等調味料拌炒。

牛肉湯

(1)將炒過的牛腩、牛雜倒入牛骨湯頭中，以小火燉煮約3小時左右即完成。

2. 後製處理

(1)準備一鍋水將水煮滾，抖撒入手工麵條，大火煮約2分鐘（視麵條粗細斟酌時間）。

(2)在一碗中加入1小匙鹽、1/2小匙味精、1大匙醬油調勻。

(3)倒入煮好的麵條，舀取適量的牛肉湯及牛腩、牛雜。

(4)灑上蔥花即可食用。

3. 獨家撇步

(1)牛肉好吃與否和牛肉的肉質及部位有關，若購買冷凍牛肉，一定要完全退冰才能煮，否則牛肉會變老硬。

(2)若買的牛肉纖維組織較老些，燉煮時間需拉長。

(3)麵條撈起放入碗中時，最好趁熱攪散，避免黏成一團。

你也可以加盟………

曾經有一些有心經營牛肉麵事業的學生登門求救，而盧先生也都欣然將作法傳授，而且完全不收學費。盧先生說，學習牛肉麵的作法其實不難，只要大約幾個小時的時間就可以搞懂了，不過真正要抓準牛肉麵的口味所在，還是需要花上1、2個星期的時間學習比較穩當；而目前由於盧先生年紀已大，所以已經不太花時間再收學生了，不過若是十分有心想要學習的人（千萬不要只是一時興起再半途而廢的那種人），還是可以先以誠心向盧先生詢問拜師學藝的可能性，盧先生可是相當樂於助人的好好先生呢！

美味DIY小心得

你適合做一個路邊攤嗎？

你是否每天朝九晚五上班領死薪水，即使對現在的工作有所不滿，但經濟不景氣又不敢輕易的跳槽或自己創業？看見各大媒體報導路邊攤賺大錢的盛況，你開始蠢蠢欲動了嗎？

現在我們就要測驗你成為路邊攤老闆的指數到底有多高？你適不適合當一個既稱職又成功的路邊攤？準備好沒？開始囉！

1. 你和一個普通朋友約會，他卻遲到了，通常你會等他多久？

A. 一個小時。

B. 30分鐘左右。

C. 10分鐘左右。

D. 5分鐘以內。

2. 一早你急著要上班，可是你卻忘了哪件事情？

A. 忘了換拖鞋。

B. 忘了帶錢包。

C. 忘了帶手機。

D. 忘了帶鑰匙。

》》》》》》 3. 你是一個廚師，除了講究口味以外，下列哪項是你認為最重要的？

A. 盤飾。

B. 營養。

C. 刀工。

D. 材料。

》》》》》》 4. 廚房做菜很熱，如果開電風扇瓦斯爐火會滅，開冷氣又太浪費電了，這時你會怎麼辦？

A. 做菜要緊，即使汗流浹背也要完成烹飪。

B. 先做一會兒，再到旁邊吹一下冷氣，回來再繼續做。

C. 不管電費多少，一定要開冷氣才做。

D. 不做了，買現成或出去吃好了。

》》》》》》 5. 當有人建議你，換一種生活模式時，你會不會調整自己？

A. 洗耳恭聽，檢視自己生活是否需要改變。

B. 按兵不動，但私下會考慮、考慮。

C. 聽聽意見，不會積極回應。

D. 置之不理，堅持己見。

》》》》》》 6. 家人叫你去繳電費，離繳費期限還有30天你會什麼時候去繳？

A. 一有空就去繳。

B. 看到繳費日期過了一半才繳。

C. 時間快到的前2天才繳。

D. 過期後，直到家人催促才繳。

》》》》》 7. 當有客人嫌你做的小吃口味不佳時，你會怎麼應對？

A. 回答各家口味不同，待我們開發新的口味，一定可以符合你的喜好的。

B. 不會啦！大家都說好吃耶！

C. 真的喔！我們一定再檢討，做出你要的口味。

D. 那你就到別攤買嘛！

以上測驗，A、B、C、D答案中，哪一種答案你最多，即是屬於哪一型。

看看你是屬於哪一型？

A型：天才型路邊攤

》》》》》 路邊攤頭家，非你莫屬啦！

恭喜你！成為五心上將（耐心、細心、用心、苦心、信心）No.1，你實在太適合成為一位路邊攤頭家了。不論風吹、日曬、雨淋都無法嚇阻你成為路邊攤L.B.T.俱樂部的一員。

你自律性高，又肯吃苦耐勞，不畏『水深火熱』之苦，是最適合的路邊攤頭家人選。

B型：搶錢型路邊攤

》》》》》 賺錢第一，搶錢嚇嚇叫。

你的個性可以成為一個稱職的路邊攤老闆，但是一定要有耐心、肯吃苦才能出頭天，一旦你下定決心往前衝，必定能成為積極努力的搶錢一族。當達成初步目標後，切記一定要細心關照客人的反應及要求，免得三分鐘熱度，而失去基本客源。

C型：努力型路邊攤

》》》》》 只要努力，成功一定是你的。

你在某方面的條件上雖然先天不足，但可憑後天的學習、努力，在路邊攤這行出人頭地。創業初期一定要熬，口味要不斷的調整、創新，以符合客人的需求，熬得愈久，賺得愈多。吃苦耐勞、不畏寒暑，成功一定是你的。

D型：調整型路邊攤

》》》》》 師父領進門，修行看個人。

首先，先問問你自己，是否能將不正確的心態調整過來，再決定你要不要成為一個路邊攤。本測驗第1題測耐心、第2題測細心、第3題測用心、第4題測吃苦耐勞、第5題測自省力、第6題測積極度、第7題測信心與溝通能力。如果你現在大部分的答案都接近D，而你願意將未來的方向往A答案調整的話，那麼恭喜你，你還是可以成為一個賺錢的路邊攤頭家的。

你是屬於哪一型呢？希望經過測驗後能幫助你更了解自己！知己知彼、百戰百勝。

設攤地點該如何選擇？

你已做好準備要成為路邊攤頭家，但卻苦無一個設攤地點嗎？現在我們就要告訴你，如何踏出成功的第一步！

設攤地點的選擇，有下列幾項要點，只要把握其中一、二，必能出師告捷！

1. 租金多寡：不要以為租金便宜的店面或攤位，一定就能省下月租本錢。要知道消費人口的多寡，才是決定生意成敗的關鍵。因此，租金貴的地點，只要是旺市，投資報酬率還是相當划算的。

2. 時段客層：依照你營業的項目選擇設攤地點。如：賣炸雞排可選擇學校、夜市等人口族群；紅豆餅等攜帶方便的小吃可選擇學校、捷運、公車站附近；蚵仔麵線這類湯湯水水的小吃，則可鎖定菜市場、夜市、百貨公司、公司行號等族群。

3. 交通便捷：選擇交通便利，好停車的地點。如：盡量選擇無分隔島的馬路騎樓下；公車、捷運站、火車站旁等人潮聚集的地方設點。這些地點人來人往，較適合販賣可攜帶式的小吃。

4. 社區地緣：若自己的人脈或社區住家附近已有固定的基本消費客源，可考慮在自家附近開業。如此一來可避免同業的競爭對手分散生意，亦可輕易的掌握熟客的需求與口味。

5. 炒熱市集：若設攤地點非熱門地點，而當地已有一、兩攤生意不錯的其他類別小吃，亦可搭便車，比鄰而設攤，不但可沾光坐享現有人潮，並且可將市集炒熱。

6. 未來發展：選擇將來可能拓寬或增設公共設施的地點設攤。未來地緣的改變，帶來商機無限，遠比現有的條件好很多，要將遠光放遠，不貪一時得失，鈔票就在不遠處等著你。

Information

小吃補習班資料

中華小吃傳授中心

負責人：莊寶華老師

TEL：（02）25591623

地址：103台北市長安西路76號3樓

寶島美食傳授中心

負責人：邱寶珠老師

TEL：（02）22057161

地址：242台北縣新莊市泰豐街8號

網址：www.jiki.com.tw/paodao

名師職業小吃培訓中心

負責人：范老師

TEL：（02）25997283

地址：103台北市重慶北路3段205巷14號2樓（捷運圓山站下）

協大小吃創業輔導

負責人：顏老師

TEL：（02）89681637

地址：220台北縣板橋市文化路一段36號2樓

傳統正宗小吃傳授

負責人：陳浩弘老師

TEL：（02）29775750

地址：241台北縣三重市大同南路19巷6號2樓

大中華小吃傳授

負責人：何宗錦老師

TEL：（02）29061116

地址：242台北縣新莊市建國一路10號

網址：home.pchome.com.tw/life.romdyho/foods.htm

周老闆創業小吃

負責人：周老師

TEL：（02）25578141

地址：103台北市甘州街50號

中華創業小吃

TEL：（07）2851724

地址：800高雄市七賢二路35號3樓之1

網址：104.hinet.net/07/2851724.html

行政院勞工委員會職業訓練局中區職業訓練中心

TEL：（04）23592181

地址：407台中市工業區一路100號

網址：www.cvtc.gov.tw

招生項目：食品烘培班

招生人數：30名

報名資格：1.國中畢業以上，身心健康。

2.男女兼收

受訓時間：4個月

財團法人中華文化社會福利事業基金會附設職業訓練中心

TEL：（02）27697260-6

地址：110台北市基隆路一段35巷7弄1之4號

網址：www.cvtc.org.tw

招生項目：中、西餐廚師

招生人數：各24名

報名資格：1.國中以上，男女兼收

2.年滿15－40歲

受訓時間：各900小時

Information

評鑑最讚小吃補習班

寶島美食傳授中心

主編推薦 ★★★★★

採訪小組推薦 ★★★★★

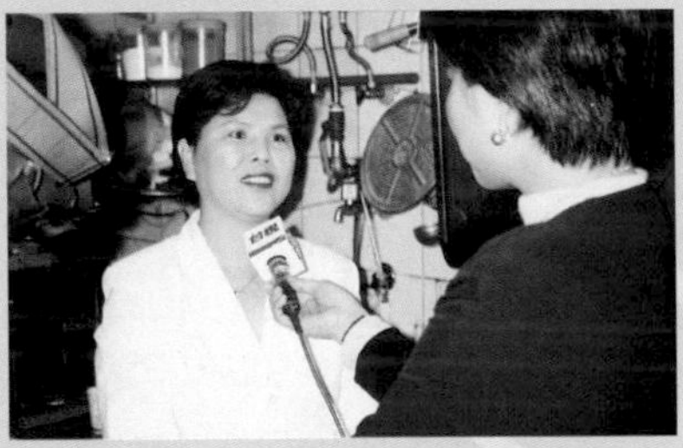

當路邊攤如雨後春筍般四處林立，小吃補習班的身價也跟著水漲船高，於是坊間出現了傳授傳統美食的小吃補習班。這些補習班中有20年的資深老鳥，當然也有因應失業潮而取巧來分食大餅的投機者。在這麼多良莠不齊的小吃補習班業者中，今年堂堂邁入第10個年頭的『寶島美食傳授中心』，便是我們在採訪過程中所發現的『最讚補習班』。到底有多讚？有多優呢？請看我們以下的報導～

『寶島美食傳授中心』現有2位專業老師授課，首席指導老師邱寶珠與專教麵食類的張次郎老師是夫妻檔，兩人各有所長、各司其職。不論是在專業知識或製作技巧上皆爐火純青，在很多同類補習班不夠講究的口味及配色擺飾上，他們都力求賣相完美、色香味俱全。讓剛入行的菜鳥除了學習食材製作之外，還能兼顧開業後可能碰到的問題，著實造福不少轉業及失業的朋友。

兩位老師從開業授課至今，學生遍及全省、中國大陸與海外，不論是哪個街頭巷尾，或是各大夜市，邱老師與張老師所教出的學生，產品口味可謂『打遍天下無敵手』。只要是『寶島美食傳授中心』出品的小吃，一定將在地賣同樣種類小吃的攤子，打得一敗塗地，收攤回去吃自己。『寶島美食傳授中心』教授的小吃到底有多美味？你一定要親自嚐了之後，才能體會箇中奇巧，保證絕對讓你回味無窮。

邱老師和張老師所傳授的美食項目琳瑯滿目，舉凡蚵仔麵線、蔥油餅、水煎包、牛肉麵、粥、麵、飯、羹、湯、滷、炒、煎、煮、炸、烤、小炒、素食、日本料理、麻辣火鍋…應有盡有，項目約200餘項之多。尤其特別值得介紹的蔥抓餅更是口味獨特，堪稱全省首屈一指。有興趣學習一技之長的朋友，歡迎去電詢問！簡章可免費索取。

※ 凡剪下本書的折價券至『寶島美食傳授中心』學習各式小吃，可享9折優惠。

寶島美食傳授中心

預約專線：(02)22057161～3

授課地址：台北縣新莊市泰豐街8號

查詢網址：www.jiki.com.tw/paodao

上課時間：早上 9-12點

下午 2-5點

晚上 6-9點

Information

評鑑優質小吃補習班

中華小吃傳授中心

主編推薦 ★★★★★

採訪小組推薦 ★★★★

一年創造出新台幣720億小吃業經濟奇蹟的小吃界天后到底是誰？相信你一定很好奇吧！『莊寶華』這個名字，或許你不是耳熟能詳，但一定略有耳聞、似曾相識。沒錯，她就是桃李滿天下，開創小吃業知識經濟蓬勃的開山鼻祖（現有許多小吃補習班業者，都是莊老師的學生）。

全省教授小吃美食的補習班，不管是立案或沒立案的，屈指一數也有幾十家。在我們採訪過程中，學生始終絡繹不絕，人氣最旺的就屬『中華小吃傳授中心』。創立逾18年的『中華小吃傳授中心』教授項目多達300餘種，是目前小吃補習班中教授項目最多的，舉凡麵、羹、湯、粥、飯、滷、炒、煎、煮、炸、烤、簡餐、早點、素食、蚵仔麵線、牛肉麵、魯肉飯、壽司、小籠包、蔥油餅、羊肉爐…等各類小吃不勝枚舉。

據莊老師表示：大多數小吃的利潤都有5成以上，湯湯水水的小吃利潤更高達7成。一個小吃攤的攤車和生財工具成本約2、3萬左右，如果營業地點人潮多，生意必佳，一個月約可淨賺10萬元左右。莊老師的學生中甚至不乏些小吃金雞母，每月收入高達20、30萬元呢！

『中華小吃傳授中心』採一對一教學，單教一項學費2000元，5項7000元，10項10000元，學的項目越多越划算，但切記一定要有一項是專精的主攻項目，在開業時才能建立口碑。

想自己創業當頭家的朋友，歡迎去電詢問相關事宜！簡章免費備索。

※ 凡剪下本書的折價券至『中華小吃傳授中心』學習各式小吃，可享9折優惠。

中華小吃傳授中心

預約專線：(02)25591623

授課地址：103台北市長安西路76號3樓

上課時間：上午9：30～下午9：30

Information

做一個專業的路邊攤

行政院衛生署『食品良好衛生規範』條例，於89年9月7日實施公佈後，成效卓然。經政府公告，即日起將配合全國各級衛生機關落實執行。因此，從事以下餐飲相關業者，必須擁有『中餐烹調丙級技術士』合格證照。

一. 觀光旅館之餐廳（現已持照比例80％）

二. 承攬學校餐飲之餐飲業（現已持照比例70％）

三. 供應學校餐盒之餐盒業（現已持照比例70％）

四. 承攬筵席之餐廳（現已持照比例70％）

五. 外燴飲食業（現已持照比例70％）

六. 中央廚房式之餐飲業（現已持照比例60％）

七. 包伙食作業（現已持照比例60％）

八. 自助餐飲業（現已持照比例50％）

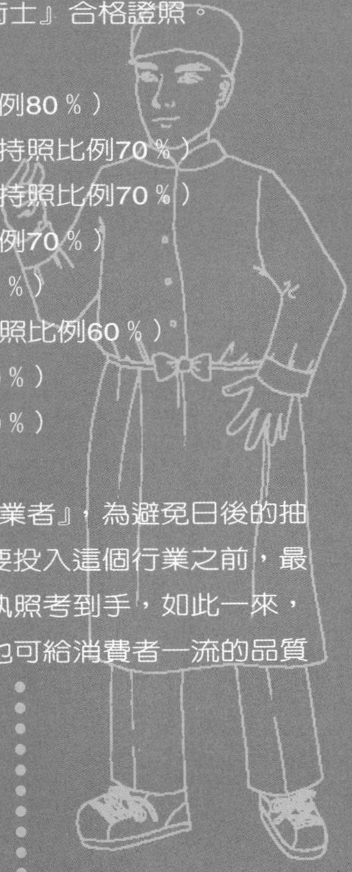

路邊攤大致歸類於『外燴飲食業者』，為避免日後的抽查及取締、罰款問題，建議大家要投入這個行業之前，最好先將『中餐烹調丙級技術士』執照考到手，如此一來，不但可給自己一個專業的認證，也可給消費者一流的品質保證。

『中餐烹調丙級技術士』執照考照事宜

全省各地詢問單位一覽表

行政院勞工委員會職業訓練局

地址：100台北市中正區忠孝西路一段6號11～14樓

電話：（02）23831699

網址：www.evta.gov.tw

行政院勞工委員會職業訓練局

＊＊泰山職業訓練中心＊＊

地址：243台北縣泰山鄉貴子村致遠新村55之1號

電話：（02）29018274～6

網址：www.tsvtc.gov.tw

行政院勞工委員會職業訓練局

＊＊北區職業訓練中心＊＊

地址：220基隆市和平島平一路45號

電話：（02）24622135

網址：www.nvc.gov.tw

行政院勞工委員會職業訓練局

＊＊中區職業訓練中心＊＊

地址：407台中市工業區一路100號

電話：（04）23592181

網址：www.cvtc.gov.tw

行政院勞工委員會職業訓練局

＊＊南區職業訓練中心＊＊

地址：806高雄市前鎮區凱旋四路105號

電話：（07）8210171～8

網址：www.svtc.gov.tw

行政院勞工委員會職業訓練局

＊＊桃園職業訓練中心＊＊

地址：326桃園縣楊梅鎮秀才路851號

電話：（03）4855368轉301、302

網址：www.tyvtc.gov.tw

行政院勞工委員會職業訓練局

＊＊台南職業訓練中心＊＊

地址：720台南縣官田鄉官田工業區工業路40號

電話：（06）6985945～50轉217、218

網址：www.tpgst.gov.tw

行政院青年輔導委員會

＊＊青年職業訓練中心＊＊

地址：326桃園縣楊梅鎮（幼獅工業區）幼獅路二段3號

電話：（03）4641684

網址：www.yvtc.gov.tw

行政院國軍退除役官兵輔導委員會

＊＊職業訓練中心＊＊

地址：330桃園市成功路三段78號

電話：（03）3359381

網址：www.vtc.gov.tw

台北市政府勞工局

＊＊職業訓練中心＊＊

地址：111台北市士林區士東路301號

電話：（02）28721940～8

網址：www.tvtc.gov.tw

高雄市政府勞工局

＊＊訓練就業中心＊＊

地址：812高雄市小港區大業南路58號

電話：（07）8714256～7轉122、132

網址：labor.kcg.gov.tw/lacc

財團法人中華文化社會福利事業基金會

＊＊附設職業訓練中心＊＊

地址：110台北市基隆路一段35巷7弄1～4號

電話：（02）27697260～6

網址：www.cvtc.org.tw

財團法人東區職業訓練中心

地址：950台東市中興路四段351巷 655號

電話：（089）380232～3

網址：www.vtce.org.tw

『中餐烹調丙級技術士』應檢人員標準服裝

★帽子需將頭髮及髮根完全包住，不可露出。

★領可為小立領、國民領、襯衫領亦可無領。

★袖可長袖亦可短袖。

★著長褲。

★圍裙裙長及膝。

★上衣及圍裙均為白色。

Information

小吃攤車生財工具哪裡買？

北部地區

★元揚企業有限公司
（元揚冷凍餐飲機械公司）
地址：台北市環河南路一段19-1號
電話：（02）23111877

★鴻昌冷凍行
地址：台北市環河南路一段72號
電話：（02）23753126．23821319

★易隆白鐵號
地址：台北市環河南路一段68號
電話：（02）23899712．23895160

★明昇餐具冰果器材行
地址：台北市環河南路一段66號
電話：（02）23825281

★嘉政冷凍櫥櫃有限公司
地址：台北市環河南路一段183號
電話：（02）23145776

★千甲實業有限公司
地址：台北市環河南路1段56號
電話：（02）23810427．23891907

★元全行
地址：台北市環河南路一段46號
電話：（02）23899609

★明祥冷熱餐飲設備
地址：台北市環河南路一段33．35號1樓
電話：（02）23885686．23885689

★全鴻不銹鋼廚房餐具設備
地址：台北市康定路1號
電話：（02）23117656．23881003

★憲昌白鐵號
地址：台北市康定路6號
電話：（02）23715036

★文泰餐具有限公司
地址：台北市環河南路一段59號
電話：（02）23705418．25562475
25562452

★全財餐具量販中心
地址：台北市環河南路一段65號
電話：（02）23755530．23318243

★惠揚冷凍設備有限公司
巨揚冷凍設備有限公司

地址：台北市環河南路一段17-2號~19號

電話：（02）23615313．23815737

★金鴻（金沅）專業冷凍

地址：台北市開封街2段83號

電話：（02）23147077

★進發行

地址：台北市環河南路一段15號

電話：（02）23144822．23094254

★千石不銹鋼廚房設備有限公司

地址：台北市環河南路一段13號

電話：（02）23717011．23896969

★興利白鐵號

地址：台北市環河南路一段18、20、33號

電話：（02）23122338

★福光五金行

地址：台北市環河南路一段14號

電話：（02）23144486．23145623

★勝發水果餐具行

地址：台北市環河南路1段40號

電話：（02）23122455

★歐化廚具餐廚設備

地址：台北市漢口街二段116號

電話：（02）23618665

★大銓冷凍空調有限公司

地址：台北市漢口街二段127號

電話：（02）23752999

★永揚五金行
（永揚冰果餐具有限公司）

地址：台北市環河南路一段23-6號

電話：（02）23822036．23615836
23822128．23812792

★利聯冷凍

地址：台北市環河南路一段39號

電話：（02）23889966．23889977
23889988．23899933

★正大食品機械烘培器具

地址：台北市康定路3號

電話：（02）23110991．23700758

★立元冰果餐具器材行

地址：台北市環河路一段23-4號

電話：（02）23311466．23316432

※中、南、東部地區的朋友亦可向北部地區的廠商購買設備（貨運寄送，運費可洽談，但大多為買主自付）。

★國豐食品機械
地址：台北市環河路一段160號
電話：（02）23616816．23892269

★立元冰果餐具器材行
地址：北市環河路1段23-4號
電話：（02）23311466．23316432

★千用牌大小廚房設備
地址：台北市環河路一段146號
電話：（02）23884466-7．23613839

★久興行玻璃餐具冰果器材
地址：台北市環河路一段 82-84號
電話：（02）23140183．23610654

中部地區

★元揚企業有限公司
（元揚冷凍餐飲機械公司）
地址：台中市北屯區瀋陽路一段5號
電話：（04）22990272

★利聯冷凍
地址：台中縣太平市新平路一段257號
電話：（04）22768400

★國喬股份有限公司
地址：台中縣太平市新平路一段257號
電話：（04）22768400

★正大食品機械烘培器具
地址：嘉義縣民雄鄉建國路一段268號
電話：（05）2262510

南部地區

★元揚企業有限公司
（元揚冷凍餐飲機械公司）
地址：高雄市小港區達德街61號
電話：（07）8225500

★正大食品機械烘培器具
地址：台南縣永康市中華路698號
電話：（06）2039696

★正大食品機械烘培器具
地址：高雄市五福二路156號
電話：（07）2619852

東部地區

★元揚企業有限公司
（元揚冷凍餐飲機械公司）
地址：宜蘭市渭水路15-29號
電話：（039）334333

2手攤車生財工具哪裡買？

★中大舊貨行
地址：台北市重慶南路三段143號
電話：（02）23659922．23659933

★大安舊貨行
地址：台北市重慶南路三段145號
電話：（02）23686424．23685237

★一乙商行
地址：台北市重慶南路三段141號
電話：（02）23682421

★忠泰舊貨行
地址：台北市重慶南路三段127號
電話：（02）23656666．23651007

★力旺舊貨行
地址：台北市重慶南路三段140號
電話：（02）23324055

★一金商行
地址：台北市廈門街114巷8號
電話：（02）23679022

★大進舊貨行
地址：台北市汀州路二段69號
電話：（02）23696633

★水源舊貨行
地址：台北市水源路159號
電話：（02）23095943

★川芳公司
地址：台北市松江路22號8樓之1
電話：（02）23379015．23019799

★壹全行
地址：台北市汀州路二段16號
電話：（02）23653436

★仙豐行
地址：台北市重慶南路三段92之1號
電話：（02）23033851（日）
22624980（夜）

★慶億商號
地址：台北市重慶南路三段13號2樓
電話：（02）23390813

★益元餐廳企業行
地址：台北市汀州路二段57號
電話：（02）23053945

※中、南、東部地區的朋友亦可向北部地區的廠商購買設備（貨運寄送，運費可洽談，但大多為買主自付）。

小吃製作原料批發商

北部地區

★建同行
（買材料免費小吃教學）
地址：台北市歸綏街30號
電話：（02）25536578

★ 金其昌
地址：台北市迪化街132號
電話：（02）25574959

★金豐春
地址：台北市迪化街145號
電話：（02）25538116

★惠良行
地址：台北市迪化街205號
電話：（02）25577755

★ 陳興美行
地址：台北市迪化街一段21號
（永樂市場1009）
電話：（02）25594397

★明昌食品行
地址：台北市迪化街一段21號
（永樂市場1027）
電話：（02）25582030

★協聯春商行
地址：台北市迪化街一段224巷
22號1樓
電話：（02）25575066

★建利行
地址：台北市迪化街一段158號
電話：（02）25573826

★匯通行
地址：台北市迪化街一段175號
電話：（02）25574820

★泉通行
地址：台北市迪化街一段141號
電話：（02）25539498

★泉益有限公司
地址：台北市迪化街一段147號
電話：（02）25575329

★象發有限公司
地址：台北市迪化街一段101號
電話：（02）25583315

★郭惠燦
地址：台北市迪化街一段145號
電話：（02）25579969

★華信化學有限公司
地址：台北市迪化街一段164號
電話：（02）25573312

★旺達食品公司
地址：台北縣板橋市信義路165號1樓
電話：（02）29627347

南部地區

★三茂企業行
地址：高雄市三鳳中街28號
電話：（07）2886669

★立順農產行
地址：高雄市三鳳中街55號
電話：（07）2864739

★元通行
地址：高雄市三鳳中街46號
電話：（07）2873704

★順發食品原料行
地址：高雄市三鳳中街51號
電話：（07）2867559

★新振豐豆行
地址：高雄市三鳳中街112號
電話：（07）2870621

★雅群農產行
地址：高雄市三鳳中街48號
電話：（07）2850860

★大成蔥蒜行
地址：高雄市三鳳中街107號
電話：（07）2858845

★大鳳行
地址：高雄市三鳳中街86號
電話：（07）2858808

★德順香菇行
地址：高雄市三鳳中街80號
電話：（07）2860742

★順茂農產行
地址：高雄市三鳳中街113號
電話：（07）2862040

★立成農產行
地址：高雄市三鳳中街53號
電話：（07）2864732

★瓊惠商行
地址：高雄市三鳳中街41號
電話：（07）2866651

★天華行
地址：高雄市三鳳中街26號
電話：（07）2870273

小吃免洗餐具周邊材料批發商

台北地區

★昇威免洗包裝材料有限公司（大盤）
地址：台北縣新莊市新莊路526、528號
電話：（02）22015159．22032595．22037035

★沙萱企業有限公司
地址：台北縣板橋市大觀路一段38巷156弄47-2號
電話：（02）29666289

★安鎂企業有限公司
地址：台北縣新莊市中正路119號
電話：（02）29967575

★元心有限公司
地址：台北縣蘆洲市永樂街61號
電話：（02）22896259

★新一免洗餐具行
地址：台北縣新店市北新路一段97號
電話：（02）29126633．29129933

★仲泰免洗餐具行（大盤）
地址：台北市北投區洲美街215巷8號
電話：（02）28330639．28330572

★西鹿實業有限公司
地址：台北市興隆路一段163號
電話：（02）29326601．23012545．22405309

★奎達實業有限公司
地址：台北市長安東路二段142號7樓之2
電話：（02）27752211

★興成有限公司
地址：台北市寶清街122-1號
電話：（02）27601026

★松德包裝材料行
地址：台北市渭水路22號
電話：（02）27814789

★匯森行免洗餐具公司（大盤）
地址：汀州路1段380號．詔安街40-1號．新店市建國路96號
電話：（02）23057217．23377395．86654505．22127392

★東區包裝材料
地址：台北市通化街163號
電話：（02）23781234．27375767

★釜大餐具企業社
地址：北市漢中街8號3樓-1
電話：（02）23319520

苗栗地區
★匯森行免洗餐具公司（大盤）
地址：苗栗縣竹南鎮和平街46號
電話：（037）4633365

台中地區
★嘉雲免洗材料行（大盤）
地址：台中縣大里市愛心路95號
電話：（04）24069987

彰化地區
★旌美股份有限公司（中盤）
地址：彰化縣秀水鄉莊雅村寶溪巷30號
電話：（04）7696597

★上好免洗餐具
地址：彰化市中央路44巷15號
電話：（04）7636868

台南地區
★利成免洗餐具行（大盤）
地址：台南市本田街三段341-6號
電話：（06）2475328

★永丸免洗餐具
地址：台南市民權路1段191號
電話：（06）2283316

★如億免洗餐具
地址：台南市大同路2段510號
電話：（06）2694698．2904838．2140154．2140155

★雙子星免洗餐具商行
地址：台南縣新市鄉永就村110號
電話：（06）5982410

高雄地區
★竹豪興業
地址：高雄縣鳳山市輜汽北二路21號
電話：（07）7132466

宜蘭地區
★家潔免洗餐具行（中盤）
地址：宜蘭縣五結鄉中福路61-3號
電話：（039）563819

花蓮地區
★泰美免洗餐具行（中盤）
地址：花蓮縣太昌村明義6街89巷31號
電話：（038）574555

台東地區
★日盛免洗餐具
地址：台東市洛陽街346號
電話：（089）326988

※如需更詳細免洗餐具批發商資料，請查各縣市之「中華電信電話號碼簿」—消費指南百貨類「餐具用品」、工商採購百貨類「即棄用品」。

全省魚肉蔬果批發市場

北部地區

★第一果菜批發市場
地址：台北市萬大路533號
電話：（02）23077130

★第二果菜批發市場
地址：台北市基河路450號
電話：（02）28330922

★環南市場
地址：台北市環河南路2段245號
電話：（02）23051161

★西寧市場
地址：台北市西寧南路4號
電話：（02）23816971

★三重市果菜批發市場
地址：台北縣三重市中正北路111號
電話：（02）29899200~1

★台北縣家畜肉品市場
地址：台北縣樹林市俊安街43號
電話：（02）26892861．26892868

基隆地區

★基隆市信義市場
地址：基隆市信二路204號
電話：（02）24243235

桃園

★桃園市果菜市場
地址：桃園市中正路403號
電話：（03）3326084

★桃農批發市場
地址：桃園市文中路1段107號
電話：（03）3792605

新竹

★新竹縣果菜市場
地址：新竹縣芎林鄉文山路985號
電話：（03）5924194

★新竹市農產運銷公司
地址：新竹市經國路一段411號
電話：（03）5336141

苗栗

★ 苗栗縣大湖地區農會果菜市場
地址：苗栗縣大湖鄉復興村八寮灣2號
電話：（037）991472

台中

★台中市果菜公司
地址：台中市中清路180-40號
電話：（04）24262811．2426811

★台中縣大甲第一市場
地址：台中縣大甲鎮順天路146號
電話：（04）6865855

彰化

★彰化縣鹿港鎮果菜市場

地址：彰化縣鹿港鎮街尾里復興南路28號

電話：（04）7772871

雲林

★雲林縣西螺果菜市場

地址：雲林西螺鎮新豐里新社200-100號

電話：（05）5866566

★雲林縣斗南果菜市場

地址：雲林縣斗南鎮中昌街5號

電話：（05）5972327

嘉義

★嘉義市果菜市場

地址：嘉義市博愛路1段111號

電話：（05）2764507

★嘉義市西市場

地址：嘉義市國華街245號

電話：（05）2223188

台南

★台南市東門市場

地址：台南市青年路164巷25號4-1號

電話：（06）2284563

★台南市安平市場

地址：台南市安平區效忠街20-7號

電話：（06）2267241

高雄

★高雄市第一市場

地址：高雄市新興區南華路40-4號

電話：（07）2211434

★高雄縣果菜運銷股份有限公司

地址：高雄市三民區民族一路100號

電話：（07）3823530

★高雄縣鳳山果菜市場

地址：高雄縣鳳山市五甲一路451號

電話：（07）7653525

屏東

★屏東市中央市場

地址：屏東市中央市場第2商場23號

電話：（08）7327239

宜蘭

★宜蘭縣果菜運銷合作社

地址：宜蘭市校舍路116號

電話：（039）384626

花蓮

★花蓮市蔬果運銷合作社

地址：花蓮市中央路403號

電話：（038）572191

台東

★台東市果菜批發市場

地址：台東市濟南街61巷180號

電話：（089）220023

路邊攤賺大錢 money 2
【奇蹟篇】

作者　白宜弘．趙濰
攝影　張振山
發行人　林敬彬
企劃主編　趙濰
執行編輯　方怡清
封面設計　家緣文化事業
美術編輯　家緣文化事業

出版　大都會文化 行政院新聞局北市業字第89號
發行　大都會文化事業有限公司
110台北市基隆路一段432號4樓之9
讀者服務專線　(02) 27235216
讀者服務傳真　(02) 27235220
電子郵件信箱　metro@ms21.hinet.net
郵政劃撥帳號　14050529 大都會文化事業有限公司

出版日期　2002年1月初版第1刷
定價　NT$280 元

ISBN　957-30552-9-5
書號　Money-002

Printed in Taiwan

大都會文化
METROPOLITAN CULTURE

國家圖書館出版品預行編目資料

路邊攤賺大錢. 奇蹟篇 / 白宜弘作.
-- -- 初版. -- --
臺北市： 大都會文化發行,
2001〔民90〕
面：　公分. --（度小月系列：2）
ISBN ：957-30552-9-5 (平裝)
1. 飲食業 2. 創業
483.8　　90019099

請沿虛線剪下，對折裝訂後寄回

北區郵政管理局
登記證北台字第9125號
免貼郵票

大都會文化事業有限公司
讀者服務部收

110 台北市基隆路一段432號4樓之9

寄回這張服務卡（免貼郵票）
您可以：
◎不定期收到最新出版訊息
◎參加各項回饋優惠活動

大都會文化 讀者服務卡

書號：Money - 002　路邊攤賺大錢—奇蹟篇

謝謝您選擇了這本書，我們真的很珍惜這樣的奇妙緣份。期待您的參與，讓我們有更多聯繫與互動的機會。

姓名：＿＿＿＿＿＿＿＿性別：□男 □女　生日：＿＿年＿＿月＿＿日

年齡：□20歲以下 □21—30歲 □31—50歲 □51歲以上

職業：□軍公教 □自由業 □服務業 □學生 □家管 □其他

學歷：□國小或以下 □ 國中 □高中／高職 □大學／大專 □研究所以上

通訊地址：＿＿＿＿＿＿＿＿＿＿＿＿＿＿＿＿＿＿＿＿

電話：（H）＿＿＿＿＿＿＿＿（O）＿＿＿＿＿＿＿＿ 傳真：＿＿＿＿＿＿＿＿

E-Mail：＿＿＿＿＿＿＿＿＿＿＿＿＿＿＿＿＿＿＿＿

※您是我們的知音，您將可不定期收到本公司的新書資訊及特惠活動訊息，往後如直接向本公司訂購（含新書）將可享八折優惠。

您在何時購得本書：＿＿年＿＿月＿＿日

您在何處購得本書：＿＿＿＿＿＿書店，位於：＿＿＿＿＿(市、縣)

您從哪裡得知本書的消息：

□ 書店 □報章雜誌 □電台活動 □網路書店 □書籤宣傳品等

□親友介紹 □書評 □其它＿＿＿＿＿＿＿＿

您通常以哪些方式購書：

□書展 □逛書店 □劃撥郵購 □團體訂購 □網路購書 □其他

您最喜歡本書的：（可複選）

□內容題材 □字體大小 □翻譯文筆 □封面 □編排 □其它

您對此書封面的感覺：

□很喜歡 □喜歡 □普通

您希望我們為您出版哪類書籍：（可複選）

□ 旅遊 □科幻推理 □史哲類 □傳記 □藝術音樂 □財經企管

□電影小說□散文小品 □生活休閒 □語言教材（＿＿語）□其他

您的建議：

＿＿＿＿＿＿＿＿＿＿＿＿＿＿＿＿＿＿＿＿

＿＿＿＿＿＿＿＿＿＿＿＿＿＿＿＿＿＿＿＿

＿＿＿＿＿＿＿＿＿＿＿＿＿＿＿＿＿＿＿＿

小吃補習班折價券

度小月

寶島美食傳授中心

憑此折價券至寶島美食傳授中心學習小吃

可享學費 **9** 折優惠

電話：(02) 22057161-3

地址：台北縣新莊市泰豐街8號

無限期使用

小吃補習班折價券

度小月

中華小吃傳授中心

憑此折價券至中華小吃傳授中心學習小吃

可享學費 **9** 折優惠

電話：(02) 25591623

地址：台北市長安西路76號3樓

無限期使用

小吃補習班折價券

度小月

名師職業小吃培訓中心

憑此折價券至名師職業小吃培訓中心學習小吃

可享學費 **8** 折優惠〈5個項日以內〉

電話：(02) 25997283

地址：台北市重慶北路3段205巷14號2樓 （捷運圓山站下）

無限期使用

小吃補習班折價券

小吃補習班折價券

使用本折價券前請先電話預約

● 本折價券限使用一次，每次限使用一張。

● 本折價券不得和其他優惠券合併使用。

● 本折價券為非賣品，不得折換現金，亦不可買賣。

● 若有任何使用上的問題，歡迎與我們聯絡。

 大都會文化讀者專線 (02)27235216

小吃補習班折價券

使用本折價券前請先電話預約

● 本折價券限使用一次，每次限使用一張。

● 本折價券不得和其他優惠券合併使用。

● 本折價券為非賣品，不得折換現金，亦不可買賣。

● 若有任何使用上的問題，歡迎與我們聯絡。

 大都會文化讀者專線 (02)27235216

鳳山大書城

威信

出版社 _____

編　號 _____

書　名 路遙遠選賺大錢 (2)

平□　　　　　　精□

度小月系列